工伤预防知识普及丛书

工伤预防之事故应急与救护知识

SHIGU YINGJI YU JIUHU ZHISHI

工伤预防知识普及丛书编写组

陈文涛 高东旭 闫 宁 佟瑞鹏
葛楠楠 王仟祥 王春玲 高 扬
杨会芹 李秀兰 阎有若 时 文
李中武 刘 雷 朱子博 皮中琴

本书主编 陈文涛

中国劳动社会保障出版社

图书在版编目(CIP)数据

工伤预防之事故应急与救护知识/《工伤预防知识普及丛书》编写组编. —北京：中国劳动社会保障出版社，2014
(工伤预防知识普及丛书)
ISBN 978-7-5167-1209-2

Ⅰ.①工… Ⅱ.①工… Ⅲ.①工伤事故-急救-基本知识 Ⅳ.①X928.04

中国版本图书馆 CIP 数据核字(2014)第 115837 号

中国劳动社会保障出版社出版发行
(北京市惠新东街 1 号 邮政编码：100029)

*

三河市潮河印业有限公司印刷装订 新华书店经销
850 毫米×1168 毫米 32 开本 5.625 印张 122 千字
2014 年 6 月第 1 版 2023 年 12 月第 18 次印刷
定价：20.00 元

营销中心电话：400-606-6496
出版社网址：http://www.class.com.cn

前言

我国党和政府历来高度重视工伤预防工作。《社会保险法》《工伤保险条例》等国家法律法规明确了工伤预防是工伤保险的重要组成部分。各级政府全力推进各类用人单位参保，扩大工伤保险的覆盖面。同时，依法落实各种法定工伤保险待遇，切实保障工伤职工合法权益，积极探索适合中国国情的工伤预防和工伤康复机制。目前，已经逐步完善并初步建立了工伤预防、工伤补偿和工伤康复三位一体的工伤保险制度。其中，工伤预防功能充分体现了“以人为本”的管理理念，对在源头上促进安全生产工作和减少工伤保险基金的支出具有决定性的作用。

《工伤保险条例》明确规定：“用人单位和职工应当遵守有关安全生产和职业病防治的法律法规，执行安全卫生规程和标准，预防工伤事故发生，避免和减少职业病危害。”建立工伤预防为主的工伤保险制度，完善工伤保险体系，有一个很重要的工作需要重视，那就是全面贯彻落实“安全第一，预防为主”的管理方针，建立工伤预防、教育、培训的常态化工作机制，通过经常性地在全社会开展工伤保险与工伤预防的宣传，普及工伤保险知识，加强对参保单位各类从业人员的教育培训，提高法律责任意识和劳动保护知识水平。

人力资源和社会保障部2009年印发了《关于开展工伤预防试点工作有关问题的通知》（人社厅发〔2009〕108号），在广东、海南和河南3省的12个地市开展了工伤预防试点工作，并取得了初步成效。一些试点城市工伤事故发生率呈现下降趋势，职工的安全意识和维权意识、企业守法意识有所增强。为进一步推进工伤预防工作的开展，2013年4月，人力资源和社会保障部印发《关于进一步做好工伤预防试点工作的通知》（人社部发〔2013〕32号），决定在2009年初步试点的基础上，再选择一部分具备条件的城市扩大试点，并进一步规范了工作原则和程序。2013年10月，人社部办公厅印发《关于确认工伤预防试点城市的通知》（人社厅发〔2013〕111号），确认了天津市等50个工伤预防试点城市（统筹地区），探索建立科学、规范的工伤预防工作模式，为在全国范围内开展工伤预防工作积累经验，完善我国工伤预防制度体系。

长期以来，中国人力资源和社会保障出版集团所属中国劳动社会保障出版社始终高度关注并坚持开展工伤保险、安全生产方面的法律法规宣传贯彻与专业图书出版工作。为了更好地服务政府和相关管理部门的中心工作，及时总结各级政府工伤预防管理工作的先进经验，有效传播工伤预防培训与宣传工作的先进、实用方法，促进我国工伤保险与工伤预防事业的持续稳定发展，在人力资源和社会保障部工伤保险司的大力支持下，组织编写了适合工作实际需要的、适合全国普遍需求的工伤预防宣传、教育、培训系列挂图和图书。第一批出版的“工伤预防系列宣教挂图”包括：《工伤保险主题招贴》《工伤预防主题招贴》《工伤预防知识》《高危岗位工伤预防知识》；“工伤预防知识普及丛书”包括：《工伤预防之基础知识》《工伤预防之职业病防治知识》《工伤预防之个人防护知识》《工伤预防之事故应急与救护知识》。本套丛书图文并茂，生动活泼，以简洁、通俗易懂的文字，讲解工伤预防相关的重要知识，配以卡通画，增加可读性的同时，更能提高读者的阅读兴趣并强化学习效果。

本套丛书在编写过程中，参阅并部分应用了相关的资料与著作，在此对有关著作者和专家表示感谢。由于种种原因可能会导致图书存在不当或错误之处，敬请广大读者不吝赐教，以便及时纠正。

丛书编写工作组
2014年3月

内容简介

本书对企业从业人员进行了安全生产事故应急与救护培训，使他们能够认识到在从事生产劳动过程中会遇到的各类生产安全事故，掌握最基本的应急处理、避灾与急救知识。

本书以问答的形式介绍了工伤预防基础知识、安全生产事故应急管理、现场急救概述及重点行业的意外伤害与应急处置等内容，所选题目典型性、通用性强，文字编写浅显易懂，版式设计新颖活泼，漫画配图直观生动，可作为政府、行业管理部门、企业开展工伤预防宣传教育工作和广大基层从业人员增强工伤预防意识、提高安全生产素质的普及性学习读物。

第一章　工伤预防基础知识

第二章　安全生产事故应急管理

第六章　冶金生产意外伤害与救治

第七章　化工企业意外伤害与应急处置

第八章　机械制造意外伤害与应急处置

第一章 工伤预防基础知识

1. 为什么要做好工伤预防?

工伤预防是建立健全工伤预防、工伤补偿和工伤康复三位一体工伤保险制度的重要内容，是指事先防范职业伤亡事故以及职业病的发生，减少事故及职业病的隐患，改善和创造有利于健康的、安全的生产环境和工作条件，保护从业人员生产、工作环境中的安全和健康。工伤预防的措施主要包括工程技术措施、教育措施和管理措施。

从业人员在劳动保护和工伤保险方面的权利与义务是基本一致的。在劳动关系中，获得劳动保护是从业人员的基本权利，工伤保险又是其劳动保护权利的延续。从业人员有权获得保障其安全健康的劳动条件，同时也有义务严格遵守安全操作规程，遵章守纪，预防职业伤害的发生。

当前国际上，现代工伤保险制度已经把事故预防放在优先位置。我国新的《工伤保险条例》也把工伤预防定为工伤保险三大任务之一，从而逐步改变了过去重补偿、轻预防的模式。因此，那种“工伤有保险，出事老板赔，只管干活挣钱”的说法，显然是错误的。工伤赔偿是发生职业伤害后的救助措

施，不能挽回失去的生命和复原残疾的身体。从业人员只有加强安全生产，才能保障自身的安全；做好工伤预防，才能保障自身的健康。生命安全和身体健康是从业人员最大利益。企业和从业人员要永远共同坚持“安全第一，预防为主，综合治理”的方针。

2. 从业人员工伤保险和工伤预防的权利主要体现在哪些方面?

从业人员的工伤保险和工伤预防的权利主要体现在：

（1）有权获得劳动安全卫生的教育和培训，了解所从事工伤可能对身体健康造成的危害和可能发生的不安全事故，从事特种作业要取得特种作业资格，持证上岗。

（2）有权获得保障自身安全、健康的劳动条件和劳动防护用品。

（3）有权对用人单位管理人员违章指挥、强令冒险作业予以拒绝。

（4）有权对危害生命安全和身体健康的行为提出批评、检举和控告。

（5）从事职业危害作业的从业人员有权获得定期健康检查。

（6）发生工伤时，有权得到抢救治疗。

（7）发生工伤后，从业人员或其亲属有权向当地劳动保障部门报告申请认定工伤和享受工伤待遇，报告申请要经企业签字，如企业不签字，可以直接报送。

（8）工伤从业人员有权按时足额享受有关工伤保险待遇。

（9）工伤致残，有权要求进行劳动能力鉴定和护理依赖鉴定及定期复查；对鉴定结论不服的，有权要求进行复查鉴定和再次鉴定。

（10）因工致残尚有工伤能力的从业人员，在就业方面应得到特殊保护，在合同期内用人单位对因工致残从业人员不得解除劳动合同，并应根据不同情况安排适当工作；在建立和发展工伤康复事业的情况下，应当得到职业康复培训和再就业帮助。

（11）工伤从业人员及其近亲属申请认定工伤和处理工伤保险待遇时与用人单位发生争议的，有权向当地劳动争议仲裁委员会申请仲裁直至向人民法院起诉；对劳动保障部门作出的工伤认定和待遇支付决定不服的，有权申请行政复议或行政诉讼。

3. 当你遇到违章指挥和强令冒险作业时怎么办？

从业人员享有的拒绝违章指挥和强令冒险作业权，是保护从业人员生命安全和健康的一项重要权利。

在生产劳动过程中，有时会出现企业负责人或者管理人员违章指挥和强令从业人员冒险作业的情况，由此导

致事故，造成人员伤亡。因此，法律赋予从业人员拒绝违章指挥和强令冒险作业的权利，不仅是为了保护从业人员的人身安全，也是为了警示企业负责人和管理人员必须照章指挥，保证安全。企业不得因从业人员拒绝违章指挥和强令冒险作业而对其进行打击报复。

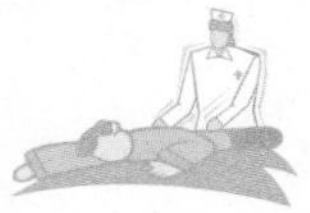

[血的教训]

一天，某煤矿开拓区上中班的工人发现工作面顶板破碎且压力增大，工人们立即停止作业，并要求采取有效的架棚措施。但是班长为了赶进度，对此险情却不以为然。工人们虽明知有危险，却屈从于违章指挥，冒险作业。结果，顶板塌落，一块巨石将年仅25岁的工人张某砸倒，经抢救无效死亡。

4. 发现危及人身安全的紧急情况能停止作业和紧急撤离吗?

由于在生产过程中自然和人为的危险因素不可避免，经常会在作业时发生危及从业人员人身安全的危险情况。当遇到危险紧急情况并且无法避免时，最大限度地保护现场作业人员的生命安全是第一位的，因此法律赋予其享有停止作业和紧急撤离的权利。

[相关链接]

从业人员行使停止作业和紧急撤离权利的前提条件，是发现直接危及人身安全的紧急情况，如不撤离会对其生命安全和健康造成直接的威胁。

例如，当建筑施工工地发生物体坍塌、火灾、爆炸等直接危及人身安全的紧急情况时，有关人员应立即停止作业，并视发生情况的严重程度作出恰当处理，在采取可能的应急措施后（如按要求关闭正在操作的电气设备），按逃生路线迅速撤离作业场所。

又如，在矿山井下开采中，出现矿压活动频繁剧烈、巷道或工作面底板突然鼓起、支架破坏等情况，以及煤（岩）层变软、湿润等瓦斯突出的预兆时，井下作业人员有权停止作业，及时撤离。

5. 从业人员工伤保险和工伤预防的义务主要有哪些？

权利与义务是对等的，有相应的权利，就有相应的义务。从业人员在工伤保险和工伤预防方面的义务主要有：

（1）从业人员有义务遵守劳动纪律和用人单位规章制度，做好本职工作和被临时指定的工作，服从本单位负责人的工作安排和指挥。

（2）从业人员在劳动过程中必须严格遵守安全操作规程，正确使用劳动防护用品，接受劳动安全卫生教育和培训，配合用人单位积极预防事故和职业病。

（3）从业人员或其近亲属报告工伤和申请工伤待遇时，有义务如实反映发生事故和职业病的有关情况及工资收入、家庭有关情况；当有关部门调查取证时，应当给予配合。

（4）除紧急情况外，工伤职工应当到工伤保险合同医院进

行治疗，对于治疗、康复、评残要接受有关机构的安排，并给予配合。

（5）工伤从业人员经过劳动能力鉴定确认完全恢复或者部分恢复劳动能力可以工作的，应当服从用人单位的工作安排。

6. 生产作业中，从业人员为何必须遵章守制与服从管理？

生产经营单位的安全生产规章制度、安全操作规程，是企业管理规章制度的重要组成部分。

根据《安全生产法》及其他有关法律、法规和规章的规定，生产经营单位必须制定本单位安全生产的规章制度和操作规程。从业人员必须严格依照这些规章制度和操作规程进行生产经营作业。单位的负责人和管理人员有权依照规章制度和操作规程进行安全管理，监督检查从业人员遵章守制的情况。依照法律规定，生产经营单位的从业人员不服从管理，违反安全生产规章制度和操作规程的，由生产经营单位给予批评教育，依照有关规章制度给予处分；造成重大事故，构成犯罪的，依照《刑法》有关规定追究刑事责任。

7. 为什么从业人员必须按规定佩戴和使用劳动防护用品？

从业人员在劳动生产过程中应履行按规定佩戴和使用劳动

防护用品的义务。

按照法律、法规的规定，为保障人身安全，用人单位必须为从业人员提供必要的、安全的劳动防护用品，以避免或者减轻作业中的人身伤害。但在实践中，由于一些从业人员缺乏安全知识，心存侥幸或嫌麻烦，往往不按规定佩戴和使用劳动防护用品，由此引发的人身伤害事故时有发生。另外，有的从业人员由于不会或者没有正确使用劳动防护用品，同样也难以避免受到人身伤害。因此，正确佩戴和使用劳动防护用品是从业人员必须履行的法定义务，这是保障从业人员人身安全和生产经营单位安全生产的需要。

[血的教训]

某日下午，某水泥厂包装工在进行倒料作业中，包装工王某因脚穿拖鞋，行动不便，重心不稳，左脚踩进螺旋输送机上部10厘米宽的缝隙内，正在运行的机器将其脚和腿绞了进去。王某大声呼救，其他人员见状立即停车并反转盘车，才将王某的脚和腿退出。尽管王某被迅速送到医院救治，仍造成左腿高位截肢。

造成这起事故的直接原因是王某未按规定穿工作鞋，而是穿着拖鞋，在凹凸不平的机器上行走，失足踩进机器缝隙。这起事故告诉我们，上班时间职工必须按规定佩戴劳动防护用品，绝不允许穿着

拖鞋上岗操作。一旦发现这种违章行为，班组长以及其他职工应该及时纠正。

8. 为什么从业人员应当接受安全教育和培训？

不同企业、不同工作岗位和不同的生产设施设备具有不同的安全技术特性和要求。随着高新技术装备的大量使用，企业对从业人员的安全素质要求越来越高。从业人员的安全生产意识和安全技能的高低，直接关系到企业生产活动的安全可靠性。从业人员需要具有系统的安全知识，熟练的安全生产技能，以及对不安全因素和事故隐患、突发事故的预防、处理能力和经验。要适应企业生产活动的需要，从业人员必须接受专门的安全生产教育和业务培训，不断提高自身的安全生产技术知识和能力。

9. 发现事故隐患应该怎么办？

从业人员往往属于事故隐患和不安全因素的第一当事人。许多生产安全事故正是由于从业人员在作业现场发现事故隐患和不安全因素后，没有及时报告，以致延误了采取措施进行紧急处理的时机，

最终酿成惨剧。相反，如果从业人员尽职尽责，及时发现并报告事故隐患和不安全因素，使之得到及时、有效的处理，就完全可以避免事故发生和降低事故损失。所以，发现事故隐患并及时报告是贯彻“安全第一，预防为主，综合治理”的方针，加强事前防范的重要措施。

10. 做好工伤预防，要注意杜绝哪些不安全行为？

一般来说，凡是能够或可能导致事故发生的人为失误均属于不安全行为。《企业职工伤亡事故分类标准》中规定的13大类不安全行为包括：

（1）未经许可，开动、关停、移动机器；开动、关停机器时未给信号，开关未锁紧；忘记关闭设备；忽视警告标志、警告信号；操作错误按钮、阀门、扳手、把柄等；奔跑作业，供料或送料速度过快；机械超速运转；违章驾驶机动车；酒后作业；人货混载；冲压机作业时，手伸进冲压模；工件紧固不牢；用压缩空气吹铁屑。

（2）安全装置被拆除、堵塞，造成安全装置失效。

（3）临时使用不牢固的设施或无安全装置的设备等。

（4）用手代替手动工具，用手清除切屑，不用夹具固定，用手拿工件进行机加工。

（5）成品、半成品、材料、工具、切屑和生产用品等存放不当。

（6）冒险进入危险场所。

（7）攀、坐不安全位置。

（8）在起吊物下作业、停留。

（9）机器运转时从事加油、修理、检查、调整、焊接、清

扫等工作。

（10）分散注意力行为。

（11）在必须使用劳动防护用品用具的作业或场合中，未按规定使用。

（12）在有旋转零部件的设备旁作业时穿肥大服装；操纵带有旋转零部件的设备时戴手套。

（13）对易燃易爆等危险物品处理错误。

[血的教训]

一天，某厂生产一班给矿皮带工张某、和某两人打扫4号给矿皮带附近的场地，清理积矿。当张某清扫完非人行道上的积矿后，准备到人行道上帮助和某清扫。当时，张某拿着1.7米长的铁铲，为图方便抄近路，他违章从4号给矿皮带与5号给矿皮带之间穿越（当时，4号给矿皮带正以每秒2米的速度运行，5号给矿皮带已停运）。张某手里拿的铁铲触及运行中的4号皮带的增紧轮，铁铲和人一起被卷到了皮带增紧轮上，铁铲的木柄被折成两段弹了出去，张某的头部顶在增紧轮外的支架上，在高速运转的皮带挤压下，造成头骨破裂，当场死亡。

这起事故的直接原因是张某安全意识淡薄，自我保护意识极差，严重违反了皮带操作工安全操作规程中关于“严禁穿越皮带”的规定。事后据调查，张某曾多次违章穿越皮带，属习惯性违章，正是他的违章行为，导致

了这次伤亡事故的发生。

这起事故给人们的教训是，企业应设置有效的安全防护设施，提高设备的本质安全水平。同时，对职工要加强教育，增强其安全意识，杜绝不安全行为。

11. 做好工伤预防，要注意避免出现哪些不安全心理？

根据大量的工伤事故案例分析，导致从业人员发生职业伤害最常见的不安全心理状态主要有以下几种：

（1）自我表现心理——“虽然我进厂时间短，但我年轻、聪明，干这活儿不在话下……”

（2）经验心理——“多少年一直是这样干的，干了多少遍了，能有什么问题……”

（3）侥幸心理——“完全照操作规程做太麻烦了，变通一下也不一定会出事吧……”

（4）从众心理——“他们都没戴安全帽，我也不戴了……”

（5）逆反心理——“凭什么听班长的呀，今儿我就这么干，我就不信会出事……”

（6）反常心理——“早上孩子肚子疼，自己去了医院，也不知道是什么病，真担心……”

［血的教训］

2013年5月的一天，某机械厂切割机操作工王某，在巡视纵向切割机时发现刀锯与板坯摩擦，有冒烟和燃烧现象，如不及时处理有可能引起火灾。王某当即停掉风机和切割机去排除故

障，但没有关闭皮带机电源，皮带机仍然处于运转中。当王某伸手去掏燃着的纤维板屑时，袖口连同右臂突然被皮带机齿轮绞住，直到工友听到王某的呼救声才关闭了皮带机电源。此次事故造成王某右臂伤残。

这起事故的发生与操作者存在侥幸麻痹心理有直接的关系。操作者以前多次不关闭皮带机就去排除故障，侥幸未造成事故，因而麻痹大意，由此逐渐形成习惯性违章并最终导致惨剧发生。

第二章　安全生产事故应急管理

12. 完善的事故应急体系包括哪些方面？

事故应急救援系统的组织机构由应急救援中心、应急救援专家组、医疗救治机构、消防部门、环境监测部门、公安部门和后勤保障系统构成。

（1）应急救援中心

负责协调事故应急救援期间各个机构的运作，统筹安排整个应急救援行动，为现场应急救援提供各种信息支持；必要时实施场外应急力量、救援装备、器材、物品等的迅速调度和增援，保证行动快速又有序、有效地进行。

（2）应急救援专家组

对城市潜在重大危险的评估、应急资源的配备、事态及发展趋势的预测、应急力量的重新调整和布署、个人防护、公众疏散、抢险、监测、清消、现场恢复等行动提出决策性的建议，起着重要的参谋作用。

（3）医疗救治机构

通常由医院、急救中心和军队医院组成，负责设立现场医

疗急救站，对伤员进行现场分类和急救处理，并及时合理转送医院进行救治。对现场救援人员进行医学监护。

（4）消防与抢险

主要由公安消防队、专业抢险队、有关工程建筑公司组织的工程抢险队、军队防化兵和工程兵等组成。职责是尽可能、尽快地控制并消除事故，营救受害人员。

（5）监测组织

主要由环保监测站、卫生防疫站、军队防化侦察分队、气象部门等组成，负责迅速测定事故的危害区域范围及危害性质，监测空气、水、食物、设备（施）的污染情况，以及气象监测等。

（6）公众疏散组织

主要由公安、民政部门和街道居民组织抽调力量组成，必要时可吸收工厂、学校中的骨干力量参加，或请求军队支援。根据现场指挥部发布的警报和防护措施，指导部分高层住宅居民实施隐蔽；引导必须撤离的居民有秩序地撤至安全区或安置

区，组织好特殊人群的疏散安置工作；引导受污染的人员前往洗消去污点；维护安全区或安置区内的秩序和治安。

（7）警戒与治安组织

通常由公安部门、武警、军队、联防等组成。负责对危害区外围的交通路口实施定向、定时封锁，阻止事故危害区外的公众进入；指挥、调度撤出危害区的人员和车辆顺利地通过通道，及时疏散交通阻塞；对重要目标实施保护，维护社会治安。

（8）洗消去污组织

主要由公安消防队伍、环卫队伍、军队防化部队组成。其主要职责有：开设洗消站（点），对受污染的人员或设备、器材等进行消毒；组织地面洗消队实施地面消毒，开辟通道或对建筑物表面进行消毒，临时组成喷雾分队降低有毒有害物的空气浓度，减少扩散范围。

（9）后勤保障组织

主要涉及计划部门、交通部门、电力、通信、市政、民政部门、物资供应企业等，主要负责应急救援所需的各种设施、设备、物资以及生活、医药等的后勤保障。

（10）信息发布中心

主要由宣传部门、新闻媒体等组成。负责事故和救援信息的统一发布，以及及时准确地向公众发布有关保护措施的紧急公告等。

13. 应急救援的支持保障系统有哪些内容?

（1）法律法规保障体系

明确应急救援的方针与原则，规定有关部门在应急救援工作中的职责，划分响应级别、明确应急预案编制和演练要求、资源和经费保障、索赔和补偿、法律责任等。

（2）通信系统

保证整个应急救援过程中救援组织内部，以及内部与外部之间通畅的通信网络。

（3）警报系统

及时向受事故影响的人群发出警报和紧急公告，准确传达事故信息和防护措施。

（4）技术与信息支持系统

建立应急救援信息平台，开发应急救援信息数据库群和决策支持系统，建立应急救援专家组，为现场应急救援

决策提供所需的各类信息和技术支持。

（5）宣传、教育和培训体系

通过各种形式和活动，加强对公众的应急知识教育，提高社会应急意识，如应急救援政策、基本防护知识、自救与互救基本常识等。

14. 什么是事故应急预案？

应急预案又称应急计划，是针对可能的重大事故（件）或灾害，为保证迅速、有序、有效地开展应急与救援行动、降低事故损失而预先制定的有关计划或方案。它是在辨识和评估潜在的重大危险、事故类型、发生的可能性及发生过程、事故后果及影响严重程度的基础上，对应急机构职责、人员、技术、装备、设施（备）、物资、救援行动及其指挥与协调等方面预先做出的具体安排。应急预案明确了在突发事故发生之前、发生过程中以及刚刚结束之后，谁负责做什么，何时做，以及相应的策略和资源准备等，是及时、有序、有效地开展应急救援工作的重要保障。

一般企业编制现场预案，现场预案是在专项预案的基础上，根据具体情况需要而编制的。它是针对特定的具体场所（即以现场为目标），通常是该类型事故风险较大的场所或重要防护区域等所制定的预案。例如，危险化学品事故专项预案下编制的某重大危险源的场外应急预案，防洪专项预案下的某洪区的防洪预案等。

15．应急预案在应急救援中有哪些重要作用和地位？

（1）应急预案确定了应急救援的范围和体系，使应急准备和应急管理不再是无据可依、无章可循。尤其是培训和演习，它们依赖于应急预案：培训可以让应急响应人员熟悉自己的责任，具备完成指定任务所需的相应技能；演习可以检验预案和行动程序，并评估应急人员的技能和整体协调性。

（2）制定应急预案有利于做出及时的应急响应，降低事故后果。应急行动对时间要求十分敏感，不允许有任何拖延。应急预案预先明确了应急各方的职责和响应程序，在应急力量和应急资源等方面做了大量准备，可以指导应急救援迅速、高效、有序地开展，将事故的人员伤亡、财产损失和环境破坏降到最低限度。此外，如果预先制定了预案，对重大事故发生后

必须快速解决的一些应急恢复问题，也就很容易解决。

（3） 成为城市或生产经营单位应对各种突发重大事故的响应基础。通过编制城市或生产经营单位的综合应急预案，可保证应急预案具有足够的灵活性，对那些事先无法预料到的突发事件或事故，也可以起到基本的应急指导作用，成为保证城市或生产经营单位应急救援的“底线”。在此基础上，城市或生产经营单位可以针对特定危害，编制专项应急预案，有针对性地制定应急措施，进行专项应急准备和演习。

（4） 当发生超过城市应急能力的重大事故时，便于与省级、国家级应急部门的协调。当生产经营单位发生超过本单位应急能力的重大事故时，便于向临近单位或政府应急部门求助，以及政府应急部门之间的协调。

16. 应急救援的核心内容是什么？

应急预案是针对可能发生的重大事故所需的应急准备和应急行动而制定的指导性文件，其核心内容应包括：

（1）对紧急情况或事故灾害及其后果的预测、辨识、评价；

（2）应急各方的职责分配；

（3）应急救援行动的指挥与协调；

（4）应急救援中可用的人员、设备、设施、物资、经费保障和其他资源，包括社会和外部援助资源等；

（5）在紧急情况

或事故灾害发生时保护生命、财产和环境安全的措施；

（6）现场恢复；

（7）其他，如应急培训和演练规定，法律法规要求，预案的管理等。

事故应急救援预案由外部预案和内部预案两部分构成。外部预案，由地方政府制定，地方政府对所辖区域内易燃易爆和危险品生产的企业、公共场所、要害设施都应制定事故应急救援预案。外部预案与内部预案相互补充，特别是中小型企业内部应急救援能力不足更需要外部的应急救助。内部预案由相关生产经营单位制定，包含总体预案和各危险单元预案。内部预案包括：组织落实、制定责任制、确定危险目标、警报及信号系统、预防事故的措施、紧急状态下抢险救援的实施办法、救援器材设备储备、人员疏散等内容。

应急预案基本要素包括：方针与原则，应急准备，应急策划，应急响应，事故后的现场恢复程序，培训与演练，预案管理、评审改进与维护。

17．事故应急救援队伍的职责是什么？如何建立？

根据法律法规要求，有关企业按规定标准建立企业应急救援队伍，省（区、市）根据需要建立骨干专业救援队伍，国家在一些危险性大、事故发生频率高的地区或领域建立国家级区域救援基地，形成覆盖事故多发地区、事故多发领域分层次的安全生产应急救援队伍体系，适应经济社会发展对事故灾难应急管理的基本要求。

企业应按规定建立安全生产应急管理机构或指定专人负责安全生产应急管理工作。企业应建立与本单位安全生产特点相适应的专兼职应急救援队伍，或指定专兼职应急救援人员，并组织训练；无须建立应急救援队伍的，可与附近具备专业资质的应急救援队伍签订服务协议。

煤矿和非煤矿山、危险化学品单位应当依法建立由专职或兼职人员组成的应急救援队伍。不具备单独建立专业应急救援队伍的小型企业，除建立兼职应急救援队伍外，还应当与邻近建有专业救援队伍的企业签订救援协

议，或者联合建立专业应急救援队伍。在发生事故时，应急救援队伍要及时组织开展抢险救援，平时开展或协助开展风险隐患排查。加强应急救援队伍的资质认定管理。矿山、危险化学品单位属地县、乡级人民政府要组织建立队伍调运机制，组织队伍参加社会化应急救援。应急救援队伍建设及演练工作经费在企业安全生产费用中列支，在矿山、危险化学品工业集中的地方，当地政府可给予适当经费补助。

专职安全生产应急救援队伍是具有一定数量经过专业训练的专门人员、专业抢险救援装备、专门从事事故现场抢救的组织。平时，专职安全生产救援队伍主要任务是开展技能培训、训练、演练、排险、备勤，并参加现场安全生产检查、熟悉救援环境。

兼职安全生产应急救援队伍也应当具备存放于固定场所、保持完好的专业抢险救援装备，有健全的组织管理制度；其人员也应当具备相关的专业技能，能够熟练使用抢险救援装备，且定期进行专业培训、训练。

兼职安全生产应急救援队伍与专职的队伍主要差别在于，队伍的组成人员平时要从事其他岗位的工作，事故抢险时才迅速集结起来。专职安全生产应急救援队伍要具有独立进行常规事故抢救的能力；兼职安全生产应急救援队伍应当能够有效控制常规事故，为被困人员自救、互救和专

职应急救援队伍开展抢险创造条件、提供帮助。

安全生产应急救援队伍或者应急救援人员不论是专职的还是兼职的，都应当具备所属行业领域事故抢救需要的专业特长。专、兼职安全生产应急救援队伍的规模应当符合有关规定，必须保证有足够的人员轮班值守。签订救援服务协议的专职安全生产应急救援队伍应当具备有关规定所要求的资质，并能够在有关规定所要求的时间内到达事故发生地。

国务院办公厅“关于加强基层应急队伍建设的意见”（国办发［2009］59号）规定，煤矿和非煤矿山、危险化学品单位应当依法建立由专职或兼职人员组成的应急救援队伍。不具备单独建立专业应急救援队伍的小型企业，除建立兼职应急救援队伍外，还应当与邻近建有专业救援队伍的企业签订救援协议，或者联合建立专业应急救援队伍。应急救援队伍在发生事故时要及时组织开展抢险救援，平时开展或协助开展风险隐患排查。应急救援队伍建设及演练工作经费在企业安全生产费用中列支，在矿山、危险化学品工业集中的地方，当地政府可给予适当经费补助。

18. 开展事故应急教育培训的主要目的有哪些？

生产经营单位应采取不同方式开展安全生产应急管理知识和应急预案的宣传教育和培训工作，其主要目的：是增强企业危机意识和责任意识、提高事故防范能力的重要途径；是提高应急救援人员和企业职工应急能力的重要措施；是保证安全生产事故应急预案贯彻实施的重要手段；是确保所有从业人员具备基本的应急技能，熟悉企业应急预案，掌握本岗位事故防范措施和应急处置程序的重要方法；能够使应急预案相关职能部门及人员提高危机意识和责任意识，明确应急工作程序，提高应急处置和协调能力；能使社会公众了解应急预案的有关内容，掌握基本的事故预防、避险、避灾、自救、互救等应急知识，提高安全意识和应急能力。

19. 应急培训与教育应遵循哪些工作原则？

（1）统一规划、合理安排

按照国家安全监管总局培训工作总体规划，结合安全生产应急管理和应急救援工作实际，合理安排培训与教育工作计划，突出工作重点，明确工作目标。

（2）分级实施、分类指导

按照“分级负责、分类管理”的原则，分层次、分类别制定培训与教育大纲，编写培训与教育教材，培养专业教师队伍，开展培训工作。

（3）联系实际，学以致用

紧密结合安全生产应急管理和应急救援工作实际，围绕事故应急救援体系建设，针对受训对象的特点和工作需要开展培训工作，着眼于提高事故预防技术水平，着眼于提高科学决策和事故处置能力。

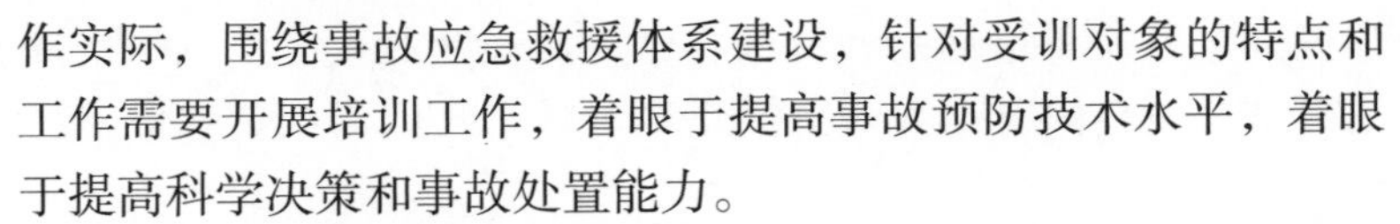

（4）整合资源，创新方式

充分利用现有培训资源，增强现有基地应急培训功能，创新培训方式，理论与实践结合，提高培训效果。

20. 应急培训与教育的基本任务和范围是什么？

应急培训与教育的基本任务是锻炼和提高队伍在突发事故情况下的快速抢险、及时营救伤员、正确指导和帮助群众防护或撤离、有效消除危害后果、开展现场急救和伤员转送等应急救援技能和应急反应综合素质，有效降低事故危害，减少事故损失。

应急培训与教育的范围应包括政府主管部门的培训与教

育、社区居民培训与教育、专业应急救援队伍培训与教育、企业全员培训与教育。

应急培训与教育包括对参与行动所有相关人员进行的最低限度的应急培训与教育，要求应急人员了解和掌握如何识别危险、如何采取必要的应急措施、如何启动紧急情况警报系统、如何安全疏散人群等基本操作。需要强调的是，应急培训与教育内容中应加强针对火灾应急的培训与教育以及危险品事故应急的培训与教育，因为火灾和危险品事故是常见的事故类型。

21. 普通员工应通过应急培训与教育掌握哪些基本技能?

普通员工在应急救援行动中是被救援的主要对象，因此，普通员工应当掌握一定的应急知识，以便在应急行动中能很好地配合应急人员开展应急工作，不会产生妨碍作用。在应急培训中，普通员工要学

习相关的自救、互救等生存技能，以及应急中的交际技能和团队精神。通常应掌握以下内容：每个人在应急预案中的角色和所承担的责任；知道如何获得有关危险和保护行为的信息；紧急事件发生时，如何进行通报，警告和信息交流；在紧急事件中寻找家人的联系方法；面对紧急事件的响应程序；疏散、避难并告之事实情况的程序；寻找、使用公用应急设备。

应急培训与教育的方式很多，如培训班、讲座、模拟、自学、小组受训和考试等，但以培训与教育授课的方式居多。

22. 事故应急演习的目的是什么？有哪几个阶段？

事故应急演习的目的是通过培训、评估、改进等手段提高保护人民群众生命财产安全和环境的综合应急能力，说明应急预案的各部分或整体是否能有效地付诸实施，验证应急预案对可能出现的各种紧急情况的适应性，找出应急准备工作中可能需要改善的地方，确保建立和保持可靠的通信渠道及应急人员的协同性，确保所有应急组织都熟悉并能够履行他们的职责，找出需要改善的潜在问题。

应急演习可划分为演习准备、演习实施和演习总结三个阶段，按照这三个阶段，可将演习前后应予完成的内容和活动确定为：确定演习日期；确定演习目标和演示范围；编写演习

方案；确定演习现场规则；指定评价人员；安排后勤工作；准备和分发评价人员工作文件；培训评价人员；讲解演习方案与演习活动；记录应急组织演习表现；评价人员访谈演习参与人员；汇报与协商；编写书面评价报告；演习人员自我评价；举行公开会议；通报不足项；编写演习总结报告；评价和报告不足项补救措施；追踪整改项的纠正；追踪演习目标演示情况。

23. 应急演习有哪几种形式?

应急演习分为桌面演习、功能演习和全面演习三种。

桌面演习是指由应急组织的代表或关键岗位人员参加的，按照应急预案及其标准运作程序，讨论紧急事件时应采取行动的演习活动。桌面演习的主要特点是对演习情景进行口头演习，一般是在会议室内举行非正式的活动。主要作用是在没有压力的情况下，演习人员在检查和解决应急预案中问题的同时，获得一些建设性的讨论结果。主要目的是在友好、较小压力的情况下，锻炼演习人员解决问题的能力，以及解决应急组织相互协作和职责划分的问题。

桌面演习只需展示有限的应急响应和内部协调活动，应急响应人员主要来自本地应急组织，事后一般采取口头评论形式收集演习人员的建议，并提交一份简短的书面报告，总结演习活动和提出有关改进

应急响应工作的建议。桌面演习方法成本较低，主要为功能演习和全面演习做准备。

功能演习是指针对某项应急响应功能或其中某些应急响应活动举行的演习活动。功能演习一般在应急指挥中心举行，并可同时开展现场演习，调用有限的应急设备，主要目的是针对应急响应功能，检验应急响应人员以及应急管理体系的策划和响应能力。

功能演习比桌面演习规模要大，需动员更多的应急响应人员和组织。必要时，还可要求国家级应急响应机构参与演习过程，为演习方案设计、协调和评估工作提供技术支持，因而协调工作的难度也随着更多应急响应组织的参与而增大。

功能演习所需的评估人员一般为4～12人，具体数量依据演习地点、社区规模、现有资源和演习功能的数量而定。演习完成后，除

采取口头评论形式外，还应向地方提交有关演习活动的书面汇报，提出改进建议。

全面演习指针对应急预案中全部或大部分应急响应功能，检验、评价应急组织应急运行能力的演习活动。全面演习一般要求持续几个小时，采取交互式进行，演习过程要求尽量真实，调用更多的应急响应人员和资源，以展示相互协调应急响应能力。

与功能演习类似，全面演习也少不了负责应急运行、协调和政策拟订的人员参与，以及国家级应急组织人员在演习方案设计、协调和评估工作中提供的技术支持。但全面演习过程中，这些人员或组织的演示范围要比功能演习更广。全面演习一般需10～50名评价人员。演习完成后，除采取口头评论、书面汇报外，还应提交正式的书面报告。

第三章　现场急救概述

24. 现场急救应遵循哪些基本原则?

生产现场急救，是指在劳动生产过程中和工作场所发生的各种意外伤害事故、急性中毒、外伤和突发危重伤病员等情况，没有医务人员时，为了防止病情恶化，减少病人痛苦和预防休克等所应采取的初步紧急救护措施，又称院前急救。

生产现场急救总的任务是采取及时有效的急救措施和技术，最大限度地减少伤病员的痛苦，降低致残率，减少死亡率，为医院抢救打好基础。现场急救应遵循的原则有：

（1）先复后固的原则

遇有心跳、呼吸骤停又有骨折者，应首先用口对口呼吸和胸外按压等技术使心、肺、脑复苏，直至心跳呼吸恢复后，再进行骨折固定。

（2）先止后包的原则

遇有大出血又有创口者时，首先立即用指压、止血带或药物等方法止血，接着再消毒，并对创口进行包扎。

（3）先重后轻的原则

指遇有垂危的和较轻的伤病员时，应优先抢救危重者，后抢救较轻的伤病员。

（4）先救后运的原则

发现伤病员时，应先救后送。在送伤病员到医院途中，不要停顿抢救措施，继续观察病、伤变化，少颠簸，注意保暖，平安抵达最近医院。

（5）急救与呼救并重的原则

在遇有成批伤病员、现场还有其他参与急救的人员时，要紧张而镇定地分工合作，急救和呼救可同时进行，以较快地争取救援。

（6）搬运与急救一致性的原则

在运送危重伤病员时，应与急救工作步骤一致，争取时间，在途中应继续进行抢救工作，减少伤病员不应有的痛苦和死亡，安全到达目的地。

［专家提示］

（1）避免直接接触伤病者的体液。

（2）使用防护手套，并用防水胶布贴住自己损伤的皮肤。

（3）急救前和急救后都要洗手。并且眼、口、鼻或者任何皮肤损伤处一旦溅有伤病者的血液，应尽快用肥皂和水清洗，并去医院。

（4）进行口对口人工呼吸时，尽量使用人工呼吸面罩。

25. 如何对现场伤员进行分类？

灾害发生后，伤员数量大，伤情复杂，重危伤员多。急救和后运常出现尖锐的四大矛盾：急救技术力量不足与伤员需要抢救的矛盾；急救物资短缺与需要量的矛盾；重伤员与轻伤员都需要急救的矛盾；轻、重伤员都需后运的矛盾。解决这些矛盾的办法就是对伤病员进行分类。伤员分类是生产现场急救工作的重要组成部分，做好伤员分类工作，可以保证充分地发挥人力、物力的作用，使需要急救的轻、重伤员各取所需，使急救和后运工作有条不紊地进行。

生产现场急救分类的重要意义集中在一个目标，即提高其效率。将现场有限的人力、物力和时间，用在抢救有存活希望者的身上，提高伤、病员的存活率，降低死亡率。

（1）现场伤员分类的要求

①分类工作是在特别困难和紧急的情况下，一边抢救一边分类的。

②分类应由经过训练、经验丰富、有组织能力的技术人员承担。

③分类应依先危后重，再轻后小（伤势小）的原则进行。

④分类应快速、准确、无误。

（2）现场伤员分类的判断

现场伤员分类是以决定优先急救对象为前提的，首先根据伤情来判定。

①呼吸是否停止。用看、听、感来判定。

看：是通过观察胸廓的起伏，或用棉花毛贴在伤病者的鼻翼上，看有否摆动。如吸气胸廓上提，呼气下降或棉毛有摆动即是呼吸未停。反之，即呼吸已停。

听：是侧头用耳尽量接近伤病者的鼻部，去听有否气体交换。

感：是在听的同时，用脸感觉有无气流呼出。如听到有气体交换或气流感说明尚有呼吸。

②脉搏是否停止。用触、看、摸、量来检查。

触：触桡动脉有无脉搏跳动，感受其强弱。

看：头部、胸腹、脊柱、四肢，有否内脏损伤、大出血、骨折等，都是重点判定项目。

摸：摸颈动脉有无搏动及强弱。

量：量收缩压是否小于12千帕（90毫米汞柱）。

判定一个伤员只能在1～2分钟内完成。通过以上方法对伤员简单地分类，便于采取针对性急救方法。

26. 现场急救区如何划分？

通常，现场伤员急救的标记有四类：

第Ⅰ急救区（红色）：病伤严重，危及生命者。

第Ⅱ急救区（黄色）：严重但不会马上危及生命者。

第Ⅲ急救区（绿色）：受伤较轻，可行走者。

第Ⅳ急救区（黑色）：需要后运者。

分类卡包括颜色，由急救系统统一印制。背面有简要的病情说明，随伤员携带。此卡常被挂在伤员左胸的衣服上。如没有现成的分类卡，可临时用硬纸片自制。

现场处在大批伤病员环境时，应有以下四个区，以便有条不紊地进行急救。

收容区：伤病员集中区，在此区挂上分类标签，并提供必要紧急复苏等抢救工作。

急救区：用以接受第Ⅰ优先和第Ⅱ优先者，在此做进一步抢救工作，如对休克、呼吸与心跳骤停者进行生命复苏。

后送区：这个区内接受能自己行走或较轻的伤病员。

太平区：停放已死亡者。

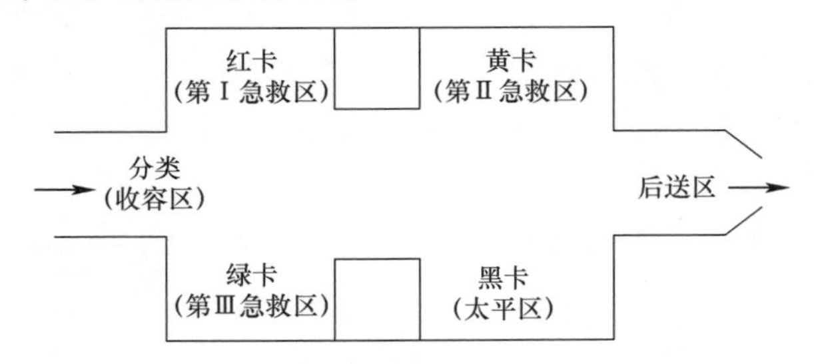

27. 现场急救的基本步骤是什么？

当各种意外事故和急性中毒发生后，参与生产现场救护的人员要沉着、冷静，切忌惊慌失措。时间就是生命，应尽快对中毒或受伤病人进行认真仔细的检查，确定病情。检查内容包括意识、呼吸、脉搏、血压、瞳孔是否正常，有无出血、休克、外伤、烧伤，是否伴有其他损伤等。

总体来说，事故现场急救应按照紧急呼救、判断伤情和救护三大步骤进行。

（1）紧急呼救

当事故发生，发现了危重伤员，经过现场评估和病情判断后需要立即救护，同时立即向救护医疗服务系统或附近担负院外急救任务的医疗部门、社区卫生单位报告，常用的急救电话为“120”。由急救机构立即派出专业救护人员、救护车至现场抢救。但在呼救中有一些需要注意的问题，将在下面的问题中讲述。

（2）判断危重伤情

在现场巡视后对伤员进行最初评估。发现伤员，尤其是处在情况复杂的现场，救护人员需要首先确认并立即处理威胁生命的情况，检查伤员的意识、气道、呼吸、循环体征等。

（3）救护

灾害事故现场一般都很混乱，组织指挥特别重要，应快速组成临时现场救护小组，统一指挥，加强灾害事故现场一线救护，这是保证抢救成功的关键措施之一。

灾害事故发生后，避免慌乱，尽可能缩短伤后至抢救的时间，强调提高基本治疗技术是做好灾害事故现场救护的最重要的问题。善于应用现有的先进科技手段，体现“立体救护、快速反应”的救护原则，提高救护的成功率。

现场救护原则是先救命后治伤，先重伤后轻伤，先抢后救，抢中有救，尽快脱离事故现场，先分类再运送，医护人员以救为主，其他人员以抢为主，各负其责，相互配合，以免延

误抢救时机。现场救护人员应注意自身防护。

28. 事故现场，如何进行紧急呼救？

紧急呼救主要有以下三步：

（1）救护启动

救护启动称为呼救系统开始。呼救系统的畅通，在国际上被列为抢救危重伤员的“生命链”中的“第一环”。有效的呼救系统，对保障危重伤员获得及时救治至关重要。

应用无线电和电话呼救。通常在急救中心配备有经过专门训练的话务员，能够对呼救做出迅速适当的应答，并能把电话接到合适的急救机构。城市呼救网络系统的“通信指挥中心”，应当接收所有的医疗（包括灾难等意外伤害事故）急救电话，根据伤员所处的位置和病情，指定就近的急救站去救护伤员。这样可以大大节省时间，提高效率，便于伤员救护和转运。

（2）呼救电话须知

紧急事故发生时，须报警呼救，最常使用的是呼救电话。使用呼救电话时必须要用最精练、准确、清楚的语言说明伤员目前的情况及严重程度，伤员的人数及存在的危险，需要何类急救。如果不清楚身处位置的话，不要惊慌，因为救护医疗服务系统控制室可以通过全球卫星定位系统追踪其正确位置。

一般应简要清楚地说明以下几点：

①你的（报告人）电话号码与姓名，伤员姓名、性别、年龄和联系电话。

②伤员所在的确切地点，尽可能指出附近街道的交汇处或其他显著标志。

③伤员目前最危重的情况，如昏倒、呼吸困难、大出血等。

④灾害事故、突发事件时，说明伤害性质、严重程度、伤员的人数。

⑤现场所采取的救护措施。注意，不要先放下话筒，要等救护医疗服务系统（EMS）调度人员先挂断电话。

（3）单人及多人呼救

在专业急救人员尚未到达时，如果有多人在现场，一名救护人员留在伤员身边开展救护，其他人通知医疗急救机构。意外伤害事故，要分配好救护人员各自的工作，分秒必争、有序地实施伤员的寻找、脱险、医疗救护工作。

在伤员心脏骤停的情况下，为挽救生命，抓住"救命的黄金时刻"，可立即进行心肺复苏，然后迅速拨打电话。如有手机在身，则进行1～2分钟心肺复苏后，在抢救间隙中打电话。

任何年龄的外伤或呼吸暂停患者，拨打电话呼救前接受1分钟的心肺复苏是非常必要的。

29. 事故现场，如何对伤员的伤情进行评估判断？

伤病者的意识、呼吸、瞳孔等表象，是判断伤势轻重的重要标志。

（1）意识

先判断伤员神志是否清醒。在呼唤、轻拍、推动时，伤员会睁眼或有肢体运动等其他反应，表明伤员有意识。如伤员对上述刺激无反应，则表明意识丧失，已陷入危重状态。伤员突然倒地，然后呼之不应，情况多为严重。

（2）气道

呼吸必要的条件是保持气道畅通。如伤员有反应但不能说

话、不能咳嗽、憋气，可能存在气道梗阻，必须立即检查和清除，如进行侧卧位和清除口腔异物等。

（3）呼吸

评估呼吸。正常人每分钟呼吸12～18次，危重伤员呼吸变快、变浅乃至不规则，呈叹息状。在气道畅通后，对无反应的伤员进行呼吸检查，如伤员呼吸停止，应保持气道通畅，立即施行人工呼吸。

（4）循环体征

在检查伤员意识、气道、呼吸之后，应对伤员的循环体征进行检查。

可以通过检查循环的体征如呼吸、咳嗽、运动、皮肤颜色、脉搏情况来进行判断。

成人正常心跳每分钟60～80次。

呼吸停止，心跳随之停止；或者心跳停止，呼吸也随之停止。

心跳呼吸几乎同时停止也是常见的。

心跳在手腕处的桡动脉、颈部的颈动脉较易触到。

心律失常，以及严重的创伤或大失血时，心跳或加快，超过每分钟100次；或减慢，每分钟40～50次；或不规则，忽快忽慢，忽强忽弱，均为心脏呼救的信号，都应引起重视。

如伤员面色苍白或青紫，口唇、指甲发绀，皮肤发冷等，可以知道皮肤循环和氧代谢情况不佳。

（5）瞳孔反应

眼睛的瞳孔又称“瞳仁”，位于黑眼球中央。正常时双眼的瞳孔是等大圆形的，遇到强光能迅速缩小，很快又回到原状。用手电筒突然照射一下瞳孔即可观察到瞳孔的反应。当伤员脑部受伤、脑出血、严重药物中毒时，瞳孔可能缩小为针尖大小，也可能扩大到黑眼球边缘，对光线不起反应或反应迟钝。有时因为出现脑水肿或脑疝，使双眼瞳孔一大一小。瞳孔的变化表示脑病变的严重性。

当完成现场评估后，再对伤员的头部、颈部、胸部、腹部、盆腔和脊柱、四肢进行检查，看有无开放性损伤、骨折畸形、触痛、肿胀等体征，以有助于对伤员的病情判断。

还要注意伤员的总体情况，如表情淡漠不语、冷汗口渴、呼吸急促、肢体不能活动等现象为病情危重的表现；对外伤伤员应观察神志不清程度，呼吸次数和强弱，脉搏次数和强弱；注意检查有无活动性出血，如有，立即止血。严重的胸腹部损伤容易引起休克、昏迷甚至死亡。

30. 灾害事故发生后，如何进行现场救护？

“第一目击者”及所有救护人员，应牢记现场对垂危伤员抢救生命的首要目的是“救命”。为此，实施现场救护的基本步骤可以概括如下。

（1）采取正确的救护体位

对于意识不清者，取仰卧位或侧卧位，便于复苏操作及评估复苏效果，在可能的情况下，翻转为仰卧位（心肺复苏体位）时应放在坚硬的平面上，救护人员需要在检查后，进行心肺复苏。

若伤员没有意识但有呼吸和脉搏，为了防止呼吸道被舌后坠或唾液及呕吐物阻塞引起窒息，对伤员应采用侧卧位（复原卧式位），唾液等容易从口中引流。体位应保持稳定，易于伤员翻转其他体位，保持利于观察和通畅的气道；超过30分钟，翻转伤员到另一侧。

注意不要随意移动伤员，以免造成伤害。如不要用力拖动、拉起伤员，不要搬动和摇动已确定有头部或颈部外伤者

等。有颈部外伤者在翻身时，为防止颈椎再次损伤引起截瘫，另一人应保持伤员头、颈部与身体同一轴线翻转，做好头、颈部的固定。

（2）打开气道

伤员呼吸心跳停止后，全身肌肉松弛，口腔内的舌肌也松弛下坠而阻塞呼吸道。采用开放气道的方法，可使阻塞呼吸道的舌根上提，使呼吸道畅通。

用最短的时间，先将伤员衣领口、领带、围巾等解开，带上手套迅速清除伤员口鼻内的污泥、土块、痰、呕吐物等异物，以利于呼吸道畅通，再将气道打开。

（3）人工呼吸

①判断呼吸。检查呼吸，救护人将伤员气道打开，利用眼看、耳听、皮肤感觉在5秒时间内，判断伤员有无呼吸。

侧头用耳听伤员口鼻的呼吸声（一听），用眼看胸部或上腹部随呼吸而上下起伏（二看），用面颊感觉呼吸气流（三感觉）。如果胸廓没有起伏，并且没有气体呼出，伤员即不存在呼吸，这一评估过程不超过10秒。

②人工呼吸。救护人员经检查后，判断伤员呼吸停止，应在现场立即给予口对口（口对鼻、口对口鼻）、口对呼吸面罩等人工呼吸救护措施。

（4）胸外挤压

判断心跳（脉搏）应选大动脉测定脉搏有无搏动。触摸颈动脉，应在5～10秒内迅速地判断伤员有无心跳。

①颈动脉。用一只手食指和中指置于颈中部（甲状软骨）中线，手指从颈中线滑向甲状软骨和胸锁乳突肌之间的凹陷，稍加力度触摸到颈动脉的搏动；

②肱动脉。肱动脉位于上臂内侧，肘和肩之间，稍加力度

检查是否有搏动；

③检查颈动脉不可用力压迫，避免刺激颈动脉窦使得迷走神经兴奋反射性地引起心跳停止，并且不可同时触摸双侧颈动脉，以防阻断脑部血液供应。

救护人员判断伤员已无脉搏搏动，或在危急中不能判明心跳是否停止，脉搏也摸不清，不要反复检查耽误时间，而要在现场进行胸外心脏挤压等人工循环及时救护。

（5）紧急止血

救护人员要注意检查伤员有无严重出血的伤口，如有出血，要立即采取止血救护措施，避免因大出血造成休克而死亡。

（6）局部检查

对于同一伤员，第一步处理危及生命的全身症状，再注意处理局部。要从头部、颈部、胸部、腹部、背部、骨盆、四肢各部位进行检查，检查出血的部位和程度、骨折部位和程度、渗血、脏器脱出和皮肤感觉丧失等。

首批进入现场的医护人员应对灾害事故伤员及时做出分类，做好运送前医疗处置，指定运送，救护人员可协助运送，使伤员在最短时间内能获得必要治疗。而且在运送途中要保证对危重伤员进行不间断的抢救。

对危重灾害事故伤员尽快送往医院救治，对某些特殊事故伤害的伤员应送专科医院。

31. 如何进行现场紧急心肺复苏?

生产现场对伤员进行心肺复苏非常重要。据报道，5 分钟内开始院外急救实施心肺复苏，8 分钟内进一步生命支持，存活率最高可达43%。复苏（生命支持）每延迟1分钟，存活率下降

3%；除颤每延迟1分钟，存活率下降4%。心、肺、脑复苏就是简称的CPR（cardio pulmonary resuscitation），当呼吸终止及心跳停顿时，合并使用人工呼吸及心外按摩来进行急救的一种技术。

实施心肺复苏时，首先判断伤员呼吸、心跳，一旦判定呼吸、心跳停止，立即捶击心前区（胸骨下部）并祛除病因，采取1、2、3步骤进行心肺复苏。

（1）开放气道

用最短的时间，先将伤员衣领口、领带、围巾等解开，带上手套迅速清除伤员口鼻内的污泥、土块、痰、呕吐物等异物，以利于呼吸道畅通，再将气道打开。

仰头举颌法

①救护人员用一只手的小鱼际部位置于伤员的前额并稍加用力使头后仰，另一只手的食指、中指置于下颏将下颌骨上提；

②救护人员手指不要深压颏下软组织，以免阻塞气道。

仰头抬颈法

①救护人员用一只手的小鱼际部位放在伤员前额，向下稍加用力使头后仰，另一只手置于颈部并将颈部上托；

②无颈部外伤可用此法。

双下颌上提法

①救护人员双手手指放在伤员下颌角，向上或向后方提起下颌；

②头保持正中位，不能使头后仰，不可左右扭动；

③适用于怀疑颈椎外伤的伤员。

手钩异物

①如伤员无意识，救护人员用一只手的拇指和其他四指，握住伤员舌和下颌后掰开伤员嘴并上提下颌；

②救护人员另一只手的食指沿伤员口内插入；

③用钩取动作，抠出固体异物。

（2）口对口人工呼吸

口对口人工呼吸的主要步骤为：①急救者将压前额手的拇、食指捏闭伤员的鼻孔，另一只手托下颌；②将伤员的口张开，急救者做深呼吸，用口紧贴并包住伤员口部吹气；③看伤员胸部起伏方为有效；④脱离伤员口部，放松捏鼻孔的拇、食指，看胸廓复原；⑤感到伤员口鼻部有气呼出；⑥连续吹气两次，使伤员肺部充分换气。

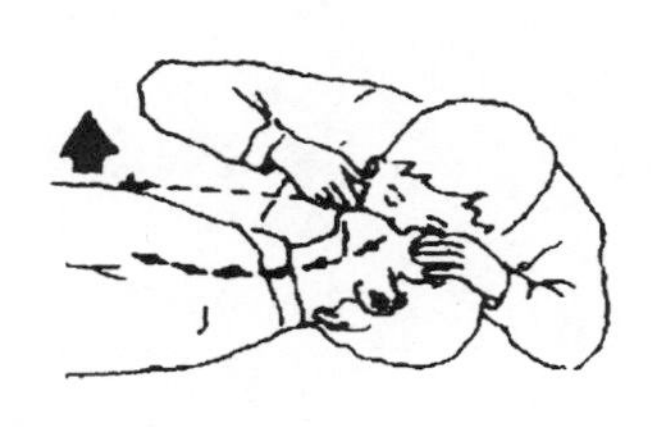

(a) 口对口人工呼吸

(b) 看胸部起伏

（3）心脏复苏

判定心跳是否停止，摸伤员的劲动脉有无搏动，如无搏动，立即进行胸外心脏按压。实施心肺复苏的主要步骤如下：

①用一只手的掌根按在伤员胸骨中下1/3段交界处；②另一只手压在该手的手背上，双手手指均应翘起，不能平压在胸壁；③双肘关节伸直；④利用体重和肩臂力量垂直向下挤压；

⑤使胸骨下陷4厘米；⑥略停顿后在原位放松；⑦手掌根不能离开心脏定位点；⑧连续进行15次心脏按压；⑨再口对口吹气两次后按压心脏15次，如此反复。

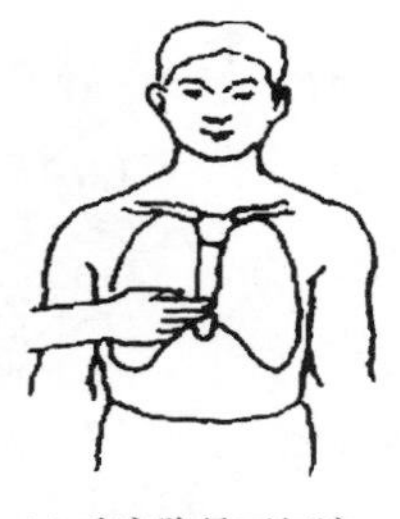
(a) 确定胸骨下切迹

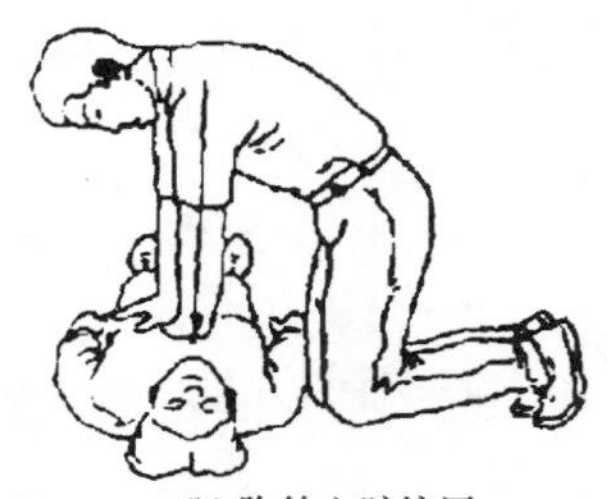
(b) 胸外心脏按压

32. 实施心肺复苏时需注意什么问题?

实施心肺复苏时的注意事项有：

（1）进行人工呼吸注意事项

①人工呼吸一定要在气道开放的情况下进行。

②向伤员肺内吹气不能太急太多，仅需胸廓隆起即可，吹气量不能过大，以免引起胃扩张。

③吹气时间以占一次呼吸周期的1/3为宜。

（2）心脏复苏注意事项

①防治并发症。复苏并发症有急性胃扩张、肋骨或胸骨骨折、肋骨软骨分离、气胸、血胸、肺损伤、肝破裂、冠状动脉刺破（心脏内注射时）、心包压塞、胃内返流物误吸或吸入性肺炎等，故要求判断准确，监测严密，处理及时，操作正规。

②心脏按压与放松时间比例和按压频率。过去认为按压时间占每一按压和放松周期的1/3，放松占2/3，试验研究证明，当心脏按压及放松时间各占1/2时，心脏射血最多，获最大血液动

力学效应。而且主张按压频率由60～80次/分增加到80～100次/分时，可使血压短期上升60～70毫米汞柱，有利于心脏复跳。

③心脏按压用力要均匀，不可过猛。按压和放松所需时间相等。

a. 每次按压后必须完全解除压力，胸部回到正常位置；

b. 心脏按压节律、频率不可忽快、忽慢，保持正确的挤压位置；

c. 心脏按压时，观察伤员反应及面色的改变。

33. 急救者何时可以停止对伤员心肺复苏?

在心、肺复苏中出现如下征象者可考虑终止心、肺复苏。

（1）脑死亡

指全脑功能丧失，不能恢复，也称不可逆昏迷。发生脑死亡即意味着生命终止，即使有心跳，也不会长久维持。即使能维持一段时间也毫无任何意义。所以一旦出现脑死亡即可终止抢救，以免消耗不必要的人力、物力和财力。出现下列情况可考虑脑死亡：

①深度昏迷，对疼痛刺激无任何反应，无自主活动；

②自主呼吸停止；

③瞳孔固定；

④脑干反射消失，包括瞳孔对光反射、吞咽反射、头眼反射（即娃娃眼现象，将病人头部向双侧转动，眼球相对保持原来位置不动，若眼球随头部同步转动，即为反射阳性，但颈脊髓损伤者禁忌此项检查）、眼前庭反射（头前屈30°，用冰水20～50毫升，10秒钟内注入外耳道，出现快速向灌注侧反方向的眼球震颤，双耳依次检查未见眼球震颤为反射消失）等；

⑤具备上述条件至少观察24小时无变化方可做出判定。

（2）经过正规的心、肺复苏20~30分钟后，仍无自主呼吸，瞳孔散大，对光反射消失，即标志生物学死亡，可终止抢救。

（3）心脏停跳12分钟以上，而没有进行任何复苏治疗者，几乎无一存活，但在低温环境中（如冰库、水库、雪地、冷水淹溺）及年轻的创伤病人虽停跳超过12分钟仍应积极抢救。

（4）心跳呼吸停止30分钟以上，肛温接近室温，出现尸斑。

34. 心肺复苏有效有哪些表现？

对于神志不清的病人观察其脑活动的主要指标有五个方面：即瞳孔变化、睫毛反射、挣扎表现、肌肉张力和自主呼吸的方式。这些都是脑活动最起码的征象。如果有一项满意，就可表明有充分氧气的血流正流向大脑，并保护脑组织免予损伤。

心肺复苏效果主要看以下五个方面：

（1）颈动脉搏动

心脏挤压有效时，可随每次按压触及一次颈动脉搏动，测血压为5.3/8千帕（40/60毫米汞柱）以上，提示心脏挤压方法正确。若停止挤压，脉搏仍然搏动，说明病人自主心跳已恢复。

（2）面色转红润

复苏有效时病人面色、口唇、皮肤颜色由苍白或紫绀好转或变红润。

（3）意识渐恢复

复苏有效时，病人昏迷变浅，眼球活动，出现挣扎，或给予强刺激后出现保护性反射活动，甚至手足开始活动，肌张力增强。

（4）出现自主呼吸

应注意观察，有时很微弱的自主呼吸不足以满足肌体供氧需要，如果不进行人工呼吸，则很快又停止呼吸。

（5）瞳孔变小

复苏有效时，扩大的瞳孔变小，并出现对光反射。

［专家提示］

在复苏时必须经常观察瞳孔，瞳孔缩小是治疗有效的最有价值而又十分灵敏的征象。如果扩大的瞳孔通过复苏仍不缩小，通常说明复苏无效。如果复苏明显延误则也可能为脑损害所致，但这种脑损害并非一定是永久的。瞳孔逐渐增大经常遇到，特别是复苏过久，这并不意味着治疗无效或脑损害不可避免，如果瞳孔未最大限度扩大或仍有脑活动的其他征象存在时更是这样。不过，如果瞳孔扩大发展迅速而又极为显著，则说明情况较严重。扩大的瞳孔在心跳恢复后很快缩小，说明无严重脑损害发生。

但是出现挣扎也是最有效复苏的一个征象，它说明脑已受到充分地保护。有以下几种方法可处理挣扎：一种方法是用安定5~10毫升静脉注射，使病人镇静。安定可消除睫毛反射，但不影响其他脑活动的体征。另一种方法是间断使用小剂量硫喷妥钠。虽然这种肌肉松弛剂也能消除挣扎，并便于气管插管操作，但是使用这类药物后就可能只留下瞳孔这一项脑活动征象，此征象可靠性较差。

35. 常用的现场骨折固定技术有哪些?

骨折是人们在生产、生活中常见的损伤，为了避免骨折的断端对血管、神经、肌肉及皮肤等组织的损伤，减轻伤员的痛苦，以及便于搬动与转运伤员，凡发生骨折或怀疑有骨折的伤员，均必须在现场立即采取骨折临时固定措施。常用的骨折固定方法有：

（1）肱骨（上臂）骨折固定法

夹板固定法：用两块夹板分别放在上臂内外两侧（如果只有一块夹板，则放在上臂外侧），用绷带或三角巾等将上下两

端固定。肘关节屈曲90°，前臂用小悬臂带悬吊。

无夹板固定法：将三角巾折叠成10～15厘米宽的条带，其中央正对骨折处，将上臂固定在躯干上，于对侧腋下打结。屈肘90°，再用小悬臂带将前臂悬吊于胸前。

（2）尺、挠骨（前臂）骨折固定法

夹板固定法：用两块长度超过肘关节至手心的夹板分别放在前臂的内外侧（只有一块夹板，则放在前臂外侧）并在手心放好衬垫，让伤员握好，以使腕关节稍向背屈，再固定夹板上下两端。屈肘90°，用大悬臂带悬吊，手略高于肘。

无夹板固定法：使用大悬臂带、三角巾固定。用大悬臂带将骨折的前臂悬吊于胸前，手略高于肘。再用一条三角巾将上臂带一起固定于胸部，在健侧腋下打结。

（3）股骨（大腿）骨折固定法

夹板固定法：伤员仰卧，伤腿伸直。用两块夹板（内侧夹板长度为上至大腿根部，下过足跟；外侧夹板长度为上至腋窝，下过足跟）分别放在伤腿内外两侧（只有一块夹板则放在伤腿外侧），并将健肢靠近伤肢，使双下肢并列，两足对齐。关节处及空隙部位均放置衬垫，用5～7条三角巾或布带先将骨折部位的上下两端固定，然后分别固定腋下、腰部、膝、踝等处。足部用三角巾“8”字固定，使足部与小腿呈直角。

无夹板固定法：伤员仰卧，伤腿伸直，健肢靠近伤肢，双下肢并列，两足对齐。在关节处与空隙部位之间放置衬垫，用5～7条三角巾或布条将两腿固定在一起（先固定骨折部位的上、下两端）。足部用三角巾“8”字固定，使足部与小腿呈直角。

（4）脊柱骨折固定法

不得轻易搬动伤员。严禁一人抱头，另一个人抬脚等不协调的动作。

如伤员俯卧位时，可用“工”字夹板固定，将两横板压住竖板分别横放于两肩上及腰骶部，在脊柱的凹凸部位放置衬垫，先用三角巾或布带固定两肩，再固定腰骶部。现场处理原则是，背部受到剧烈的外伤，有颈、胸、腰椎骨折者，绝不能试图扶着让病人做一些活动，以此“判断”有无损伤。一定要就地固定。

（5）头颅部骨折

头颅部骨折，主要是保持局部的安定，在检查、搬动、转运等过程中，力求头颅部不受到新的外界影响而加重局部损伤。具体做法是，伤员静卧，头部可稍垫高，头颅部两侧放两个较大硬实的枕头或沙袋等物将其固定住，以免搬动、转运时局部晃动。

［专家提示］

（1）如为开放性骨折，必须先止血、再包扎、最后再进行骨折固定，此顺序绝不可颠倒。

（2）下肢或脊柱骨折，应就地固定，尽量不要移动伤员。

（3）四肢骨折固定时，应先固定骨折的近端，后固定骨折的远端。如固定顺序相反，可导致骨折再度移位。夹板必须扶托整个伤肢，骨折上下两端的关节均必须固定住。绷带、三角巾不要绑扎在骨折处。

（4）夹板等固定材料不能与皮肤直接接触，要用棉垫、衣物等柔软物垫好，尤其骨凸部位及夹板两端更要垫好。

（5）固定四肢骨折时应露出指（趾）端，以随时观察血液循环情况，如有苍白、紫绀、发冷、麻木等表现，应立即松开重新固定，以免造成肢体缺血、坏死。

36. 现场止血方法有哪些?

外伤出血分为内出血和外出血。内出血主要到医院救治，

外出血是现场急救重点。理论上将出血分为动脉出血、静脉出血、毛细血管出血。动脉出血时，血色鲜红，有搏动、量多、速度快；静脉出血时，血色暗红，缓慢流出；毛细血管出血时，血色鲜红，慢慢渗出。若当时能鉴别，对选择止血方法有重要价值，但有时受现场的光线等条件的限制，往往难以区分。

现场止血术常用的有五种，使用时要根据具体情况，可选其中的一种，也可以把几种止血法结合，一起应用。以达到最快、最有效、最安全的止血目的。

（1）指压动脉止血法

适用于头部和四肢某些部位的大出血。方法为用手指压迫伤口近心端动脉，将动脉压向深部的骨头，阻断血液流通。这是一种不要任何器械、简便、有效的止血方法，但因为止血时间短暂，常需要与其他方法结合进行。

①头面部指压动脉止血法

a. 指压颞浅动脉，适用于一侧头顶、额部、颞部的外伤大出血。在伤侧耳前，用一只手的拇指对准下颌关节压迫颞浅动脉，另一只手固定伤员头部。

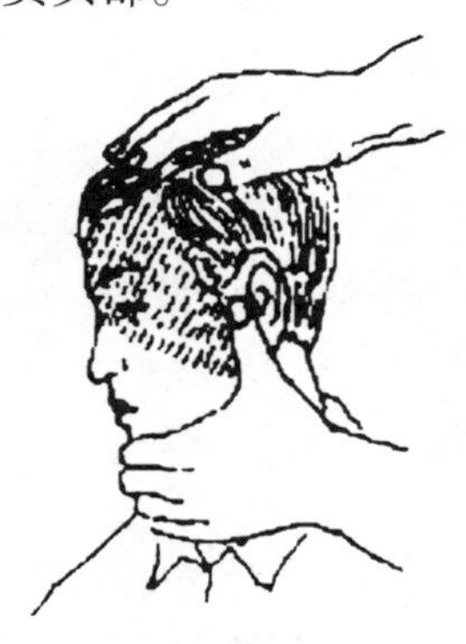

b．指压面动脉，适用于面部外伤大出血，用一只手的拇指和食指或拇指和中指分别压迫双侧下颌角前约1厘米的凹陷处，阻断面动脉血流。因为面动脉在面部有许多小支相互吻合，所以必须压迫双侧。

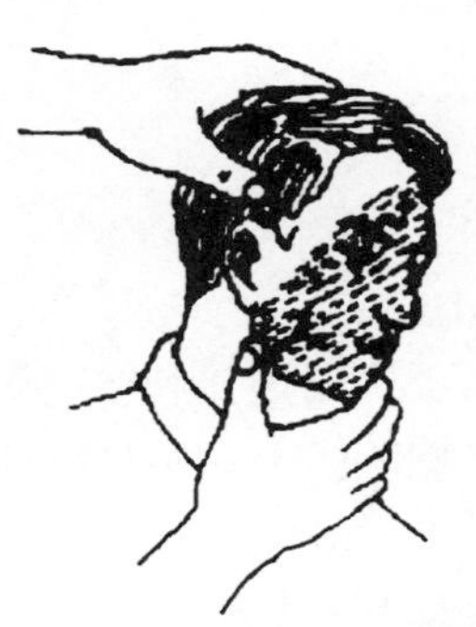

c．指压耳后动脉，适用于一侧耳后外伤大出血，用一只手的拇指压迫伤侧耳后乳突下凹陷处，阻断耳后动脉血流，另一只手固定伤员头部。

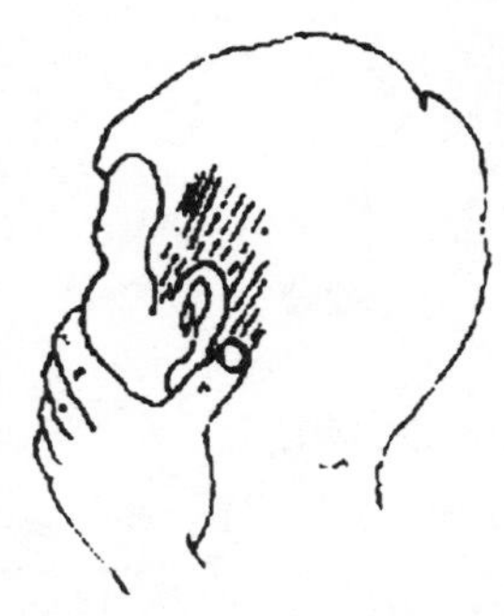

d．指压枕动脉，适用于一侧头后枕骨附近外伤大出血，用一只手的四指压迫耳后与枕骨粗隆之间的凹陷处，阻断枕动脉的血流，另一只手固定伤员头部。

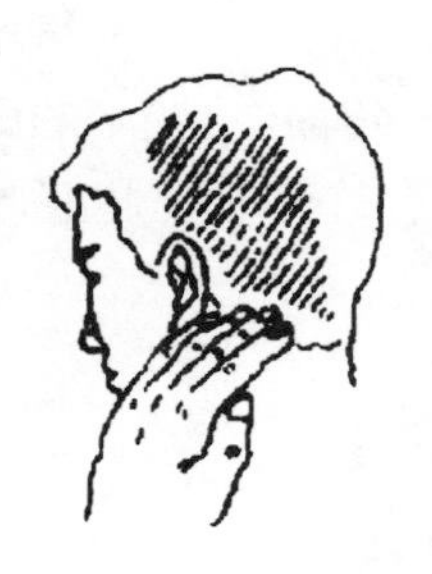

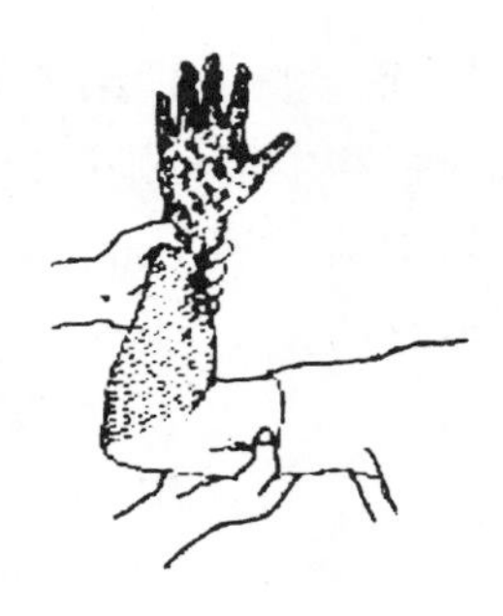

②四肢指压动脉止血法

a．指压肱动脉，适用于一侧肘关节以下部位的外伤大出血。用一只手的拇指压迫上臂中段内侧，阻断肱动脉血流，另一只手固定伤员手臂。

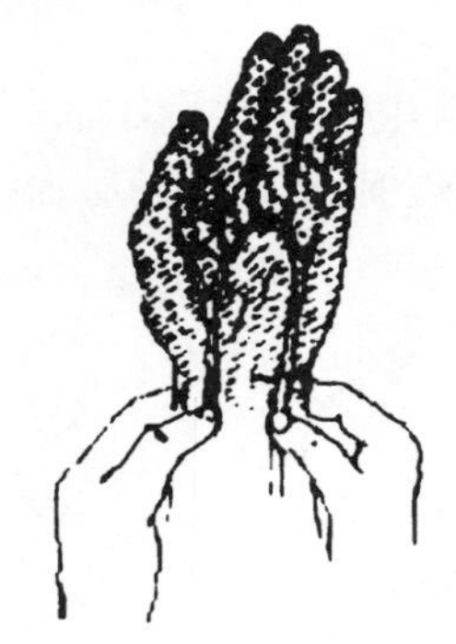

b．指压桡、尺动脉，适用于手部大出血。指分别压迫伤侧手腕两侧的桡动脉和尺动脉，阻断血流。因为桡动脉和尺动脉在手掌部有广泛吻合支。所以，必须同时压迫双侧。

c．指压指（趾）动脉，适用于手指（脚趾）大出血，用拇指和食指分别压迫手指（脚趾）两侧的（趾）动脉，阻断血流。

d．指压股动脉，适用于一侧下肢的大出血，用两手的拇指用力压迫伤肢腹股沟中点稍下方的股动脉，阻断股动脉血流。

伤员应该处于坐位或卧位。

e. 指压胫前、后动脉，适用于一侧脚的大出血，用两手的拇指和食指分别压迫伤脚足背中部搏动的腔前动脉及足跟与内踝之间的胫后动脉。

（2）直接压迫止血法

适用于较小伤口的出血。用无菌纱布直接压迫伤口处，压迫约10分钟。

（3）加压包扎止血法

适用于各种伤口，是一种比较可靠的非手术止血法。先用无菌纱布覆盖压迫伤口，再用三角巾或绷带用力包扎，包扎范围应该比伤口稍大。这是一种目前最常用的止血方法，在没有无菌纱布时，可使用消毒卫生巾或餐巾等代替。

（4）填塞止血法

适用于较大而深的伤口，先用镊子夹住无菌纱布塞入伤口内。如一块纱布小，止不住出血，可再加纱布，最后用绷带或三角巾绕至对侧根部包扎固定。

（5）止血带止血法

止血带止血法只适用于四肢大出血，其他止血法不能止血时才用此法。止血带有橡皮止血带（橡皮条和橡皮带）、气性止血

带（如血压计袖带）和布制止血带。其操作方法各不相同。

① 橡皮止血带

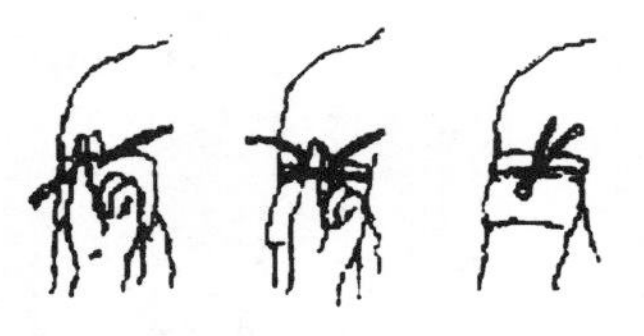

左手在离带端约10厘米处由拇指、食指和中指紧握，使手背向下放在扎止血带的部位，右手持带中段绕伤肢一圈半，然后把带塞入左手的食指与中指之间，左手的食指与中指紧夹一段止血带向下牵拉，使之钩成一个活结，外观呈A字形。

②布制止血带

将三角巾折成带状或将其他布带绕伤肢一圈，打个蝴蝶结；取一根小棒穿在布带圈内，提起小棒拉紧，将小棒依顺时针方向绞紧，将绞棒一端插入蝴蝶结环内，最后拉紧活结并与另一头打结固定。

③气性止血带

常使用血压计袖带，操作方法比较简单，只要把袖带绕在扎止血带的部位，然后打气至伤口停止出血。

④使用止血带的注意事项

a．部位。上臂外伤大出血应扎在上臂上1/3处，前臂或手大出血应扎在上臂下处，不能扎在上臂的中1/3处，因该处神经走行贴近肱骨，易被损伤。下肢外伤大出血应扎在股骨中下1/3交界处。

b．衬垫。使用止血带的部位应该有衬垫，否则会损伤皮肤。止血带可扎在衣服外面，把衣服当衬垫。

c．松紧度。应以出血停止、远端摸不到脉搏为合适。过松达不到止血目的，过紧会损伤组织。

d．时间。一般不应超过5 小时，原则上每小时要放松1次，放松时间为1～2分钟。

e．标记。使用止血带者应有明显标记贴在前额或胸前易发现部位，写明时间。如立即送往医院，可以不写标记。

[专家提示]

血液是维持生命的重要物质，成年人的血容量约占体重的8%，即4 000～5 000 毫升，如出血量为总血量的20%时，会出现头晕、脉搏增快、血压下降、出冷汗、肤色苍白、少尿等症，如出血量占总血量的40%时，就有生命危险。出血伤员的急救，只要稍拖延几分钟就会危及生命。

37．用绷带如何对伤口进行包扎?

包扎的目的是保护伤口、减少污染、固定敷料和帮助止血。常用绷带和三角巾。无论何种包扎法，均要求达到包好后固定不移动和松紧适度，并尽量注意无菌操作。

绷带法有环形包扎法，螺旋及螺旋反折包扎法，“8”字形包扎法和头顶双绷带包扎法等。包扎时要掌握好“三点一走行”，即绷带的起点、止血、着力点（多在伤处）和行走方向的顺序，以达到既牢固又不能太紧。先在创口覆盖无菌纱布，然后从伤口低处向上，左右缠绕。包扎伤臂或伤腿时，要尽量设法暴露手指尖或脚趾尖，以便观察血液循环。由于绷带用于胸、腹、臀、会阴等部位效果不好，容易滑脱，所以绷带包扎一般用于四肢和头部伤。

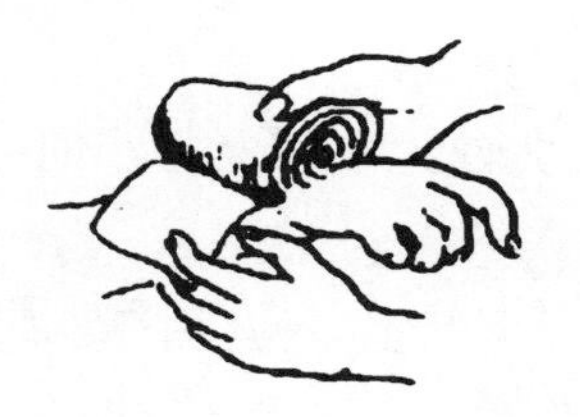

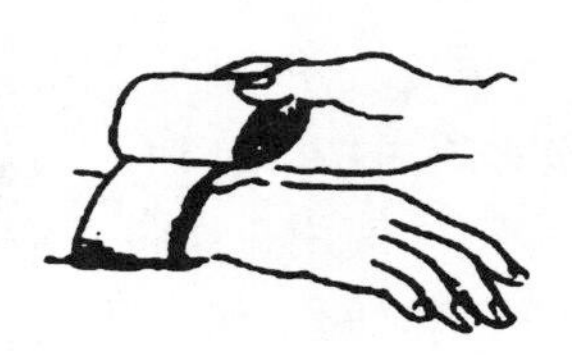

（1）环形包扎法

绷带卷放在需要包扎位置稍上方，第一圈作稍斜缠绕，第二、三圈做环行缠绕，并将第一圈斜出的绷带带角压于环行圈内，然后重复缠绕，最后在绷带尾端撕开打结固定或用别针、胶布将尾部固定。

（2）螺旋形包扎法

先环行包扎数圈，然后将绷带渐渐地斜旋上升缠绕，每圈盖过前圈的1/3至2/3成螺旋状。

（3）螺旋反折包扎法

先做两圈环行固定，再做螺旋形包扎，待到渐粗处，一手拇指按住绷带上面，另一手将绷带自此点反折向下，此时绷带上缘变成下缘。后圈覆盖前圈1/3至2/3。此法主要用于粗细不等的四肢如前臂、小腿或大腿等。

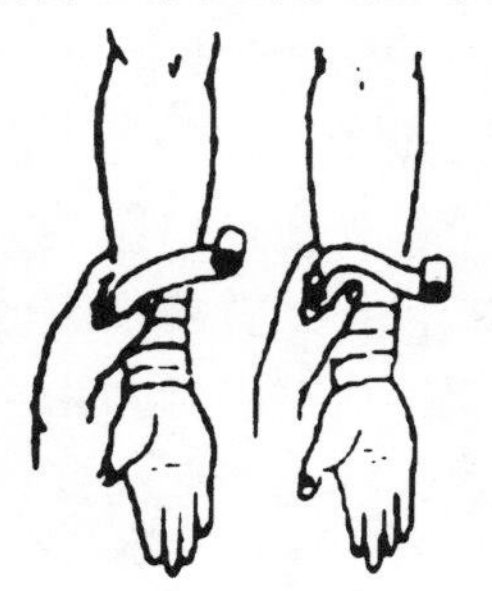

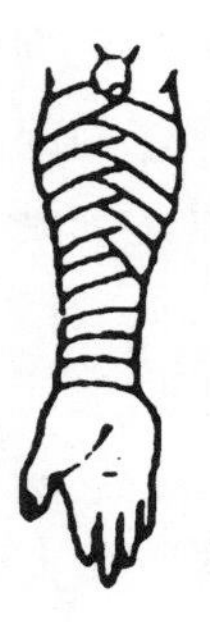

（4）头顶双绷带包扎法

将两条绷带连在一起，打结处包在头后部，分别经耳上向前于额部中央交叉。然后，第一条绷带经头顶到枕部，第二条绷带反折绕回到枕部，并压住第一条绷带。第一条绷带再从枕部经头顶到额部，第二条则从枕部绕到额部，又将第一条压住。如此来回缠绕，形成帽状。

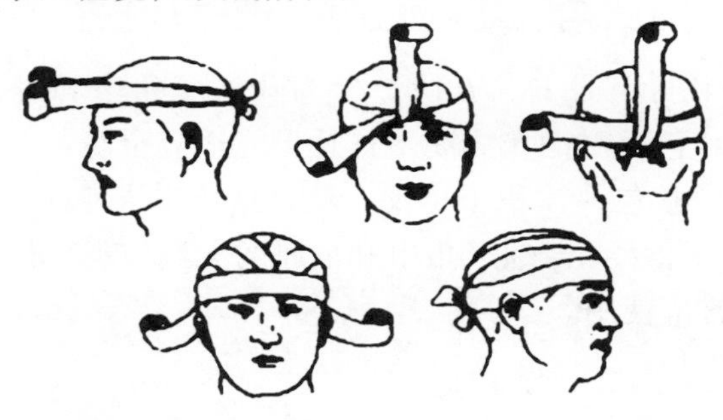

（5）8字形包扎法

适用于四肢各关节处的包扎。于关节上下将绷带一圈向上、一圈向下做8字形来回缠绕，例如，锁骨骨折的包扎。目前已经有专门的锁骨固定带可直接应用。

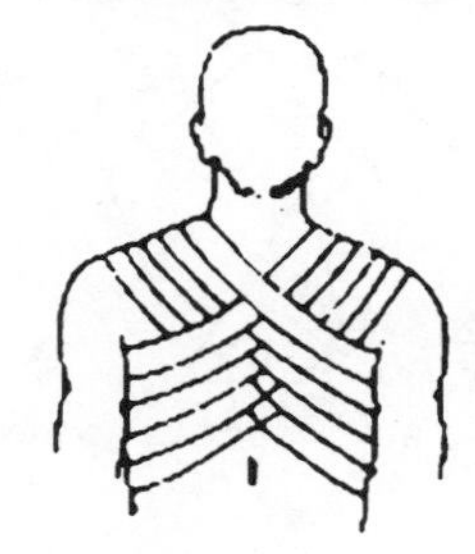

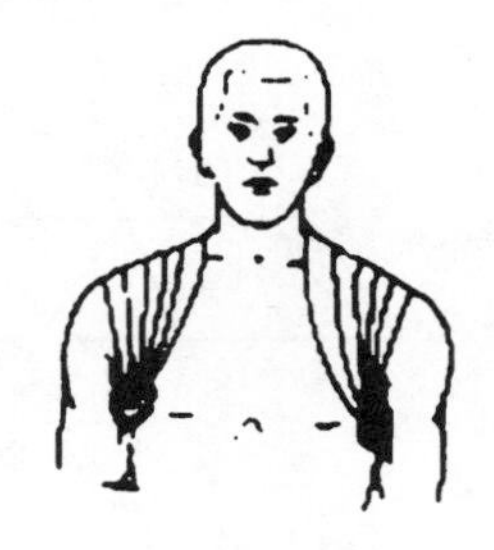

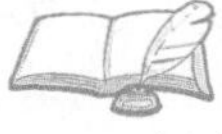

［专家提示］

（1）伤口上要加盖敷料，不要在伤口上用弹力绷带。

（2）不要将绷带缠绕过紧，经常检查肢体血运。

（3）有绷带过紧的体征（手、足的甲床发紫；绷带缠绕肢

体远心端皮肤发紫，有麻感或感觉消失；严重者手指、足趾不能活动），立即松开绷带，重新缠绕。

（4）不要将绷带缠绕手指、足趾末端，除非有损伤。

38. 用三角巾如何对伤口进行包扎？

三角巾制作简单、方便，分为普通三角巾和带形、燕尾式三角巾，包扎时操作简捷，且几乎能适应全身各个部位。目前军用的急救包，体积小（仅一块普通肥皂大小），能防水，其内包括一块无菌普通三角巾和加厚的无菌敷料，使用十分方便，建议推广使用。

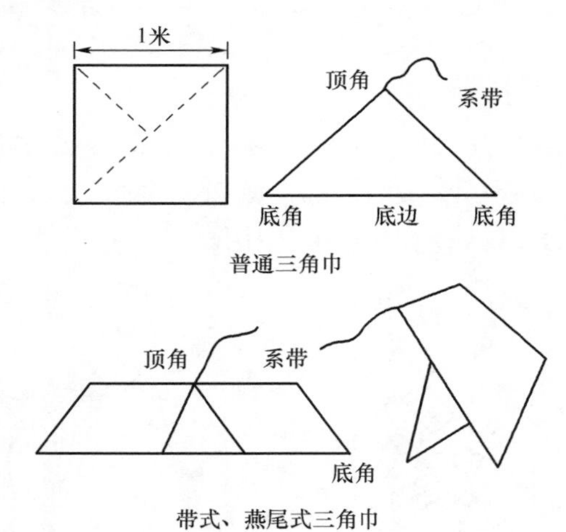

带式、燕尾式三角巾

（1）三角巾的头面部包扎法

①三角巾风帽式包扎法。适用于包扎头顶部和两侧面、枕部的外伤。先将消毒纱布覆盖在伤口上，将三角巾顶角打结放在前额正中，在底边的中点打结放在枕部，然后两手拉住两底角向下颌包住并交叉，再绕到颈后的枕部打结。

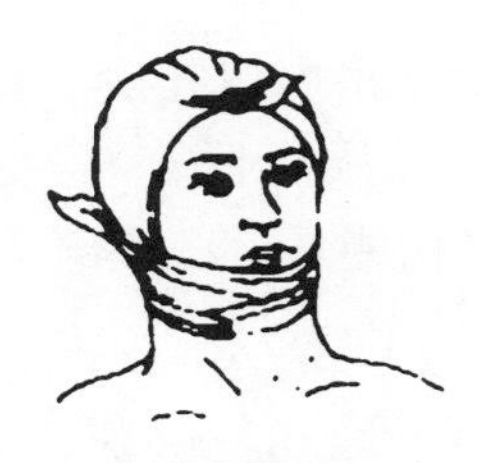

②三角巾帽式包扎法。先用无菌纱布覆盖伤口，然后把三角巾底边的正中点放在伤员眉间上部，顶角经头顶拉到脑后枕部，再将两底角在枕部交叉返回到额部中央打结，最后拉紧顶角并反折塞在枕部交叉处。

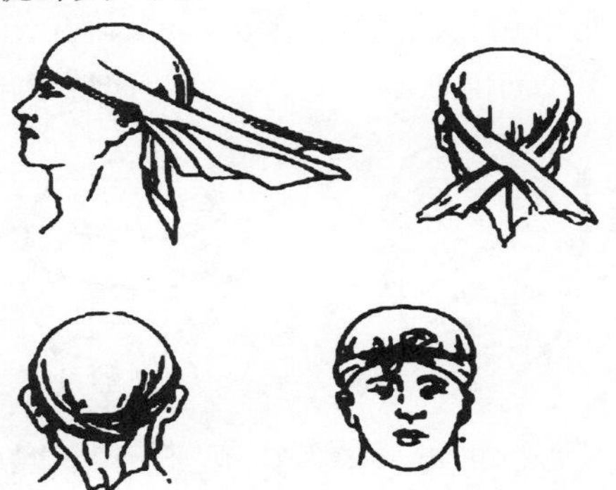

③三角巾面具式包扎法。适用于颜面部较大范围的伤口，如面部烧伤或较广泛的软组织伤。方法是把三角巾一折为二，顶角打结放在头顶正中，两手拉住底角罩住面部，然后两底角拉向枕部交叉，最后在前额部打结。在眼、鼻和口处提起三角巾剪成小孔。

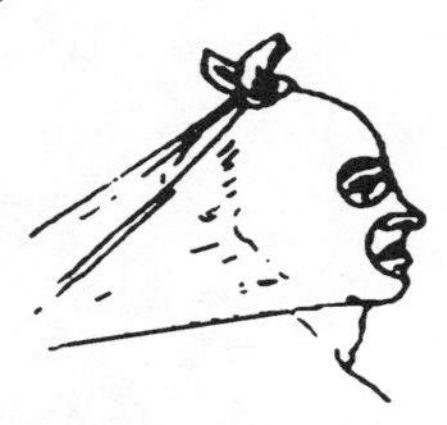

④单眼三角巾包扎法。将三角巾折成带状，其上1/3处盖住伤眼，下2/3从耳下端绕经枕部向健侧耳上额部并压上上端带巾，再绕经伤侧耳上，枕部至健侧耳上与带巾另一端在健耳上打结固定。

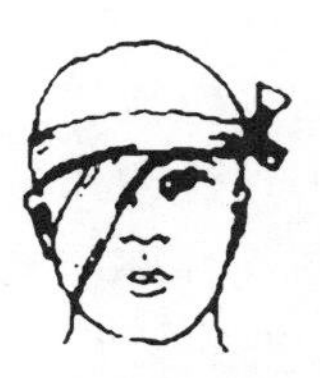

⑤双眼三角巾包扎法。将无菌纱布覆盖在伤眼上，用带形三角巾从头后部拉向前从眼部交叉，再绕向枕下部打结固定。

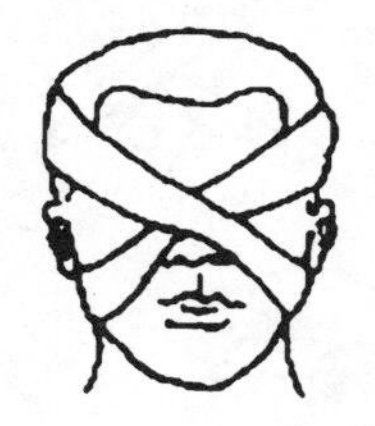
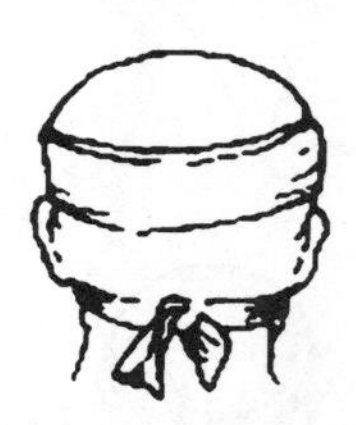

⑥下颌、耳部、前额或颞部小范围伤口三角巾包扎法。先将无菌纱布覆盖在伤部，将带形三角巾放在下颌处，两手持带巾两底角经双耳分别向上提，长的一端绕头顶与短的一端在颞部交叉，然后将短端经枕部、对侧耳上至颞侧与长端打结固定。

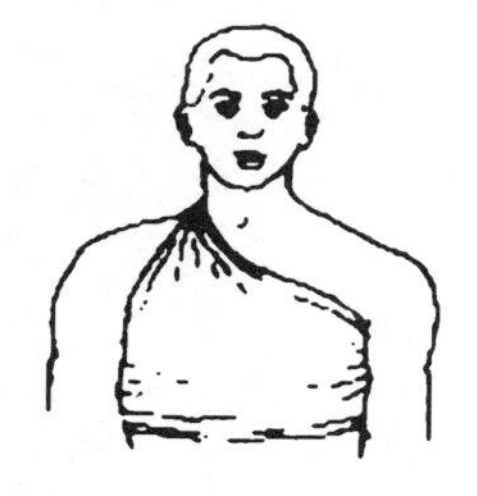
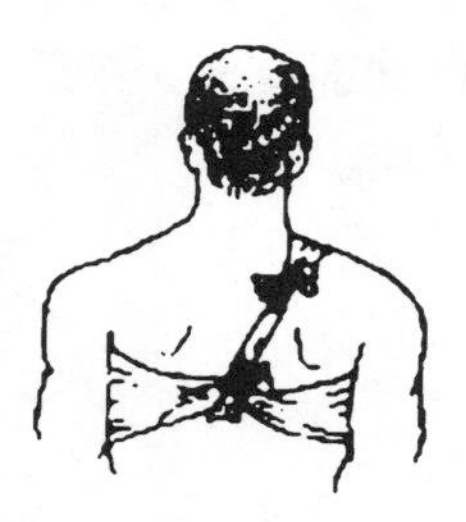

（2）胸背部三角巾包扎法

三角巾底边向下，绕过胸部以后在背后打结，其顶角放在伤侧肩上，系带穿过三角巾底边并打结固定。如为背部受伤，包扎方向相同，只要在前后面交换位置即可。若为锁骨骨折，则用两条带形三角巾分别包绕两个肩关节，在后背打结固定，再将三角巾的底角向背后拉紧，在两肩过度后张的情况下，在背部打结。

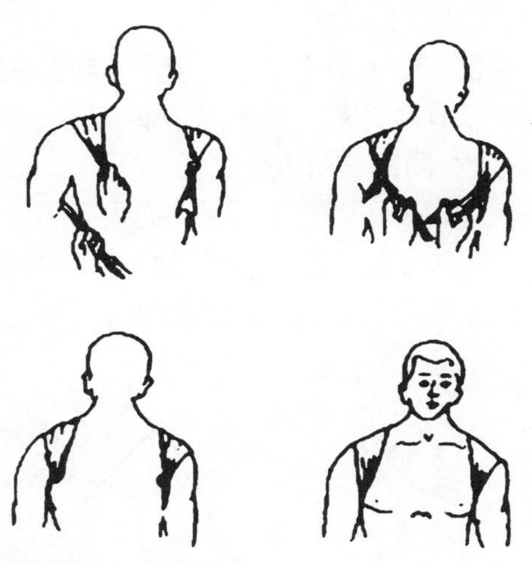

（3）上肢三角巾包扎法

先将三角巾平铺于伤员胸前，顶角对着肘关节稍外侧，与肘部平行，屈曲伤肢，并压住三角巾，然后将三角巾下端提起，两端绕到颈后打结。顶角反折用别针扣住。

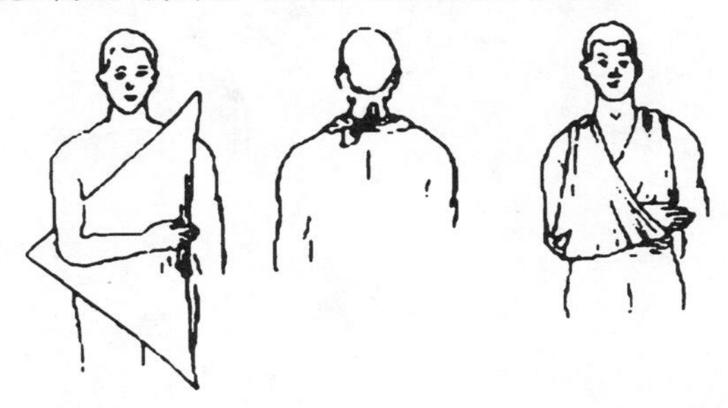

（4）肩部三角巾包扎法

先将三角巾放在伤侧肩上，顶角朝下，两底角拉至对侧腋下打结，然后急救者一手持三角巾底边中点，另一手持顶角，将三角巾提起拉紧，再将三角巾底边中点由前向下、向肩后包绕，最后顶角与三角巾底边中点于腋窝处打结固定。

（5）腋窝三角巾包扎法

先在伤侧腋窝下垫上消毒纱布，带巾中间压住敷料，并将带巾两端向上提，于肩部交叉，并经胸背部斜向对侧腋下打结。

（6）下腹及会阴部三角巾包扎法

将三角巾底边包绕腰部打结，顶角兜住会阴部在臀部打结固定。或将两条三角巾顶角打结，连接结放在病人腰部正中，上面两端围腰打结，下面两端分别缠绕两大腿根部并与相对底边打结。

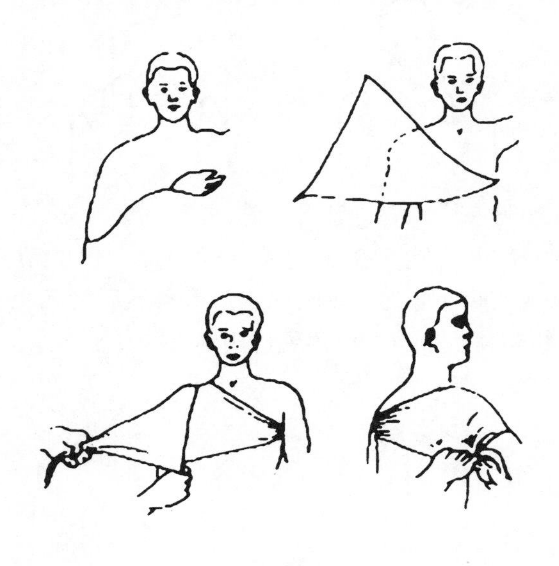

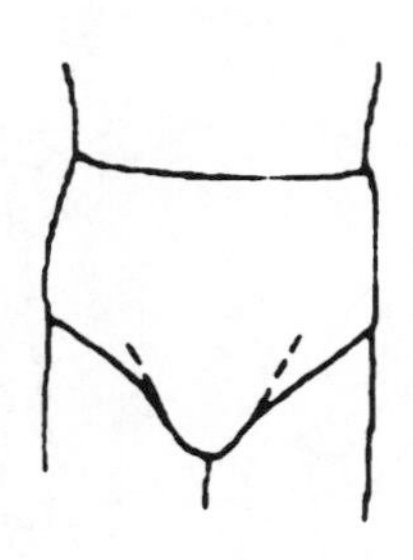

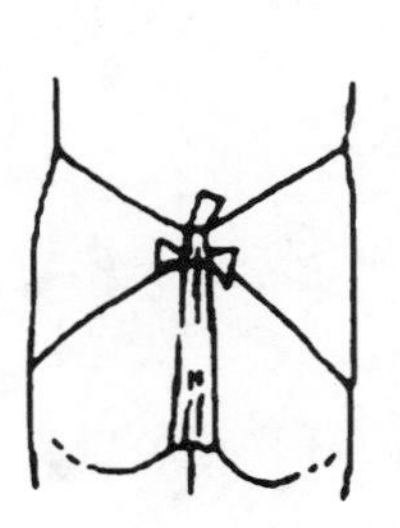

（7）残肢三角巾包扎法

残肢先用无菌纱布包裹，将三角巾铺平，残肢放在三角巾上，使其对着顶角，并将顶角反折覆盖残肢，再将三角巾底角交叉，绕肢打结。

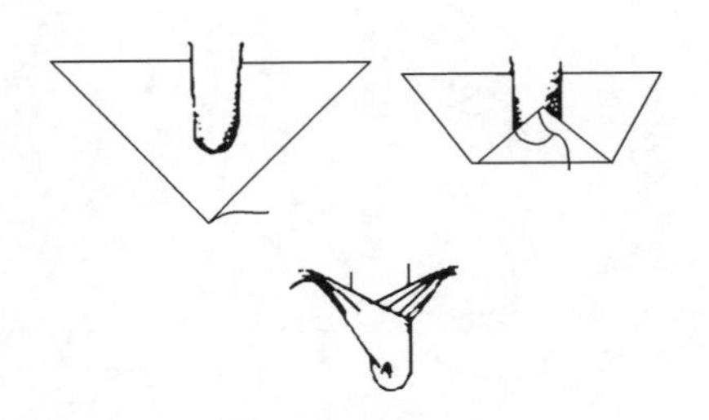

39．如何对伤员进行搬运？

搬运伤（病）员的方法是院外急救的重要技术之一。搬动的目的是使伤（病）员迅速脱离危险地带，纠正当时影响伤（病）员的病态体位，减少痛苦，减少再受伤害，安全迅速地送往理想的医院治疗，以免造成伤员残废。搬运伤（病）员的方法，应根据当地、当时的器材和人力而选定。

（1）徒手搬运

①单人搬运法。适用于伤势比较轻的伤（病）员，采取背、抱或挟持等方法。

A

B

C

②双人搬运法。一人搬托双下肢，一人搬托腰部。在不影响病伤的情况下，还可用椅式、轿式和拉车式。

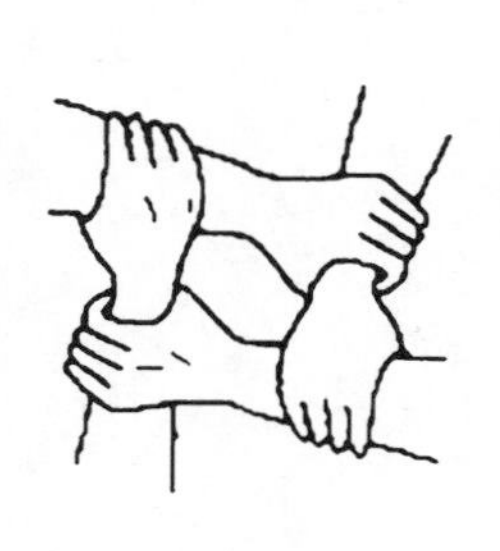
A（轿式）

B（椅式）

C（拉车式）

③三人搬运法。对疑有胸、腰椎骨折的伤者，应由三人配合搬运。一人托住肩胛部，一人托住臀部和腰部，另一人托住两下肢，三人同时把伤员轻轻抬放到硬板担架上。

④多人搬运法。对脊椎受伤的患者向担架上搬动时，应由4～6人一起搬动，2人专管头部的牵引固定，使头部始终保持与躯干成直线的位置，维持颈部不动。另2人托住臂背，2人托住下肢，协调地将伤者平直放到担架上，并在颈、腋窝放一小枕头，头部两侧用软垫或沙袋固定。

（2）担架搬运

①自制担架法。常在没有现成的担架而又需要担架搬运伤（病）员时自制担架。

a．用木棍制担架，用两根长约2.5米的木棍或竹竿绑成梯子形，中间用绳索来回绑在两长棍之中即成。

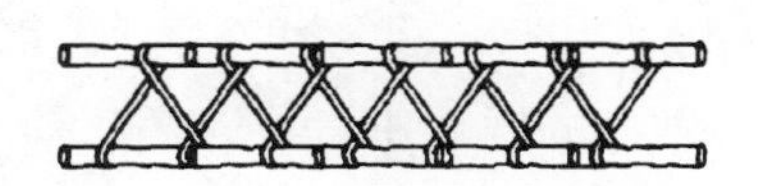

b．用上衣制担架，用上述长度的木棍或竹竿两根，穿入两件上衣的袖筒中即成，常在没有绳索的情况下用此法。

c．用椅子代担架　用扶手椅两把对接，用绳索固定对接处即成

②另种担架的做法

a．材料。两根木棍、一块毛毯或床单、较结实的长线（铁丝也可）。

b．方法。第一步，把木棍放在毛毯中央，毯的一边折叠，与另一边重合。第二步，毛毯重合的两边包住另一根木棍。第三步，用穿好线的针把两根木棍边的毯子缝合一条线，然后把

包另一根木棍边的毯子两边也缝上，制作即成。

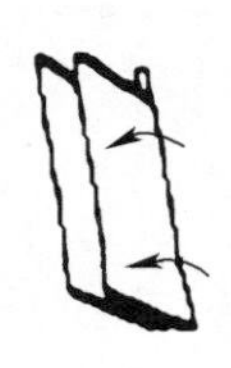

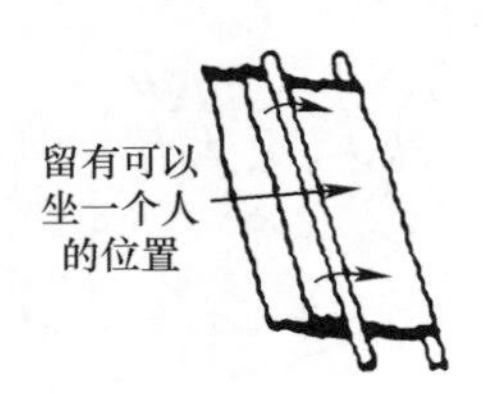

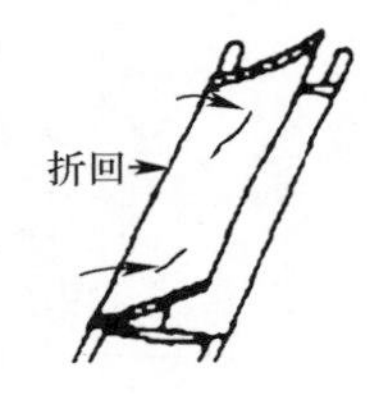

（3）车辆搬运

车辆搬运受气候影响小，速度快，能及时送到医院抢救，尤其适合较长距离运送。轻者可坐在车上，重者可躺在车里的担架上。重伤患者最好用救护车转送，缺少救护车的地方，可用汽车送。上车后，胸部伤员取半卧位，一般伤者取仰卧位，颅脑伤者应使头偏向一侧。

［专家提示］

（1）必须先急救，妥善处理后才能搬动。

（2）运送时尽可能不摇动伤（病）者的身体。若遇脊椎受伤者，应将其身体固定在担架上，用硬板担架搬送。切忌一人抱胸、一人搬腿的双人搬抬法，因为这样搬运易加重脊髓损伤。

（3）运送患者时，随时观察呼吸、体温、出血、面色变化等情况，注意患者姿势，给患者保暖。

（4）在人员、器材未准备完好时，切忌随意搬运。

（5）上述不论哪种运送病人的方法，在途中都要稳妥，切忌颠簸。

40. 急性中毒急救应遵循什么原则？

急性中毒者病情急，损害严重，需要紧急处理。因此，急性中毒的急救原则应突出以下四个字，即“快”“稳”“准”“动”。“快”即迅速，分秒必争；“稳”即沉着、镇静、胆大、果断；“准”即判断准确，不要采用错误方法急救；“动”即动态观察，判断出现的症状，所用措施是否对症。

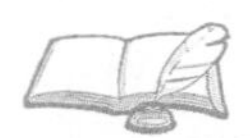

[专家提示]

某种物质进入人体后，通过生物化学或生物物理作用，使组织产生功能紊乱或结构损害，引起机体病变称为中毒。能中毒的物质称为毒物，但毒物的概念是相对的，治疗药物在过量时可产生毒性作用，而某些毒物在小剂量时有一定治疗作用。一般把较小剂量就能危害人体的物质称为毒物。一定毒物在短时间内突然进入机体，产生一系列的病理生理变化，甚至危及生命称为急性中毒。

毒物的吸收途径有：

（1）消化道吸收：口服、灌肠、灌胃等最常见，主要通过小肠吸收。

（2）呼吸道吸收：吸入物呈气态、雾状，如一氧化碳、硫化氢，雾状农药等。

（3）皮肤、黏膜吸收：皮肤吸收有机磷（喷洒农药）、乙醚等，黏膜吸收砷化合物。

（4）血液直接吸收：注射、毒蛇、狂犬咬伤等。

41. 如何快速判断中毒物质?

要认定人员是否中毒并快速判断中毒物质，通常，我们可以从病人呼出的气味内或吐出的物质发出的一种特殊的味道来做出判断。

中毒的表现与特点有：

（1）呼气、呕吐物和体表的气味

①蒜臭味。有机磷农药、磷、砷化合物；

②酒味。酒精及其他醇类化合物；

③苦杏仁味。氰化物及含氰的果仁；

④酮味（刺鼻甜味）。丙酮、氯仿、指甲油去除剂；

⑤辛辣味。氯乙酰乙酯；

⑥香蕉味。醋酸乙酯、醋酸异戊酯等；

⑦梨味。水合氯醛；

⑧酚味。苯酚、来苏；

⑨氨味。氨水、硝酸铵；

⑩其他特殊气味。煤油、汽油、硝基苯等。

（2）皮肤黏膜

①樱桃红。氰化物、一氧化碳；

②潮红。酒精、阿托品类、抗组胺类；

③绀紫。亚硝酸盐、氮氧化合物、含亚硝酸盐的植物、氯酸盐、磺胺、非那西丁、苯的氨基与硝基化合物、对苯二酚；

④紫癜。毒蛇和毒虫咬伤、硫酸盐；

⑤黄疸。四氯化碳、砷、磷化合物、蛇毒、毒草、其他肝脏毒物；

⑥多汗。有机磷毒物、毒蕈、毒扁豆碱、毛果芸香碱、吗啡、消炎痛、硫酸盐；

⑦无汗。抗胆碱药（如阿托品类）、BZ失能剂、曼陀罗等茄料植物（以下简称曼陀罗）；

⑧红斑、水疮芥子气、氮芥、路易氏剂、光气肟。

（3）眼

①瞳孔缩小。有机磷毒物、毒扁豆碱、毛果芸香碱、毒茸

阿片类、巴比妥类、氯丙嗪类：

②瞳孔扩大。抗胆碱药、曼陀罗、BZ失能剂、抗组织胺类、苯丙胺、可卡因；

③眼球震颤。苯妥英钠、巴比妥类；

④视力障碍。有机磷毒物、甲醇、肉毒中毒、苯丙胺；

⑤视幻觉。麦角酸二乙胺、抗胆碱药、曼陀罗、BZ失能剂

（4）口腔

①流涎。有机磷毒物、毒蕈、毒扁豆碱、毛果芸香碱、砷、汞化合物；

②口干。抗胆碱药、曼陀罗、BZ失能剂、抗组织胺类、苯丙胺、麻黄碱。

（5）神经系统

①嗜睡、昏迷。巴比妥和其他镇静安眠药、抗组织胺类、抗抑郁药、醇类、阿片类、有机磷毒物、有机溶剂（苯，汽油等）；

②肌肉颤动。有机磷毒物、毒扁豆碱、毒蕈；

③抽搐惊厥。有机磷毒物，毒扁豆碱、毒蕈、抗组织胺；氯化烃类、氰化物、异烟肼、肼类化合物、士的宁、三环类抗抑郁制剂、柳酸盐、呼吸兴奋剂、氟乙酰胺、毒鼠强；

④谵妄。抗胆碱药、BZ失能剤、曼陀罗、安眠酮、水合氯醛、硫酸盐；

⑤瘫痪。箭毒、肉毒中群、高效镇痛制、可溶性钡盐。

（6）消化系统

①呕吐。有机磷毒物毒扁豆碱、毒蕈、重金属盐类、腐性毒物；

②腹绞痛。有机磷毒物、毒蕈、重金属盐类、斑蝥、乌头

碱、巴豆、砷、汞、磷化合物、腐蚀性毒物；

③腹泻。有机磷毒物、毒蕈、砷、汞化合物、巴豆、蓖麻子。

（7）循环系统

①心动过速。抗胆碱药F、BZ失能剂、曼陀罗、拟肾上腺素药、甲状腺（片）、可卡因、醇类；

②心动过缓。有机磷毒物、毒扁豆碱、毛果芸香碱、毒蕈、乌头、可溶性钡盐、毛地黄类、β一受体阻断剂、钙拮抗剂；

③血压升高。拟肾上腺素药、有机磷毒物；

④血压下降。亚硝酸盐类、氯丙嗪类、各种降压药。

（8）呼吸系统

①呼吸加快。 呼吸兴奋剂、抗胆碱药、曼陀罗、BZ失能剂；

②呼吸减慢。阿片类、镇静安眠药、有机磷毒物、蛇毒、高效痛剂；

③哮喘。刺激性气体、有机磷毒物；

④肺水肿。有机磷农药、毒蕈、窒性气体（光气、双光气、氮氧化合物、硫化氢、磷化氢、氯、氯化氧、二氧化硫、氨、二氯亚砜等）、硫酸二甲酯。

（9）尿色的改变

①血尿。磺胺、毒蕈、氯胍、酚、斑蝥；

②葡萄酒色。苯胺、硝基苯；

③蓝色。姜蓝；

④棕黑色。酚、亚硝酸盐；

⑤棕红色。安替比林、辛可芬、山道年；

⑥绿色。香草酚。

42. 发生急性中毒时，如何急救?

发生中毒后，可分除毒、解毒和对症救护三步进行急救。

（1）除毒方法

①吸入毒物的急救。应立即将病人救离中毒现场，搬至空气新鲜的地方，解开衣领，以保持呼吸道的通畅，同时可吸入氧气。病人昏迷时，如有假牙要取出，将舌头牵引出来。

②清除皮肤毒物。迅速使中毒者离开中毒场地，脱去被污染的衣物，皮肤、毛发等彻底清除和清洗，常用流动清水或温水反复冲洗身体，清除沾污的毒性物质。有条件者，可用1%醋酸或1%～2%稀盐酸、酸性果汁冲洗碱性毒物；3%～5%碳酸氢钠或石灰水、小苏打水、肥皂水冲洗酸性毒物。敌百虫中毒忌用碱性溶液冲洗。

③清除眼内毒物。迅速用0.9%盐水或清水冲洗5～10分钟。酸性毒物用2%碳酸氢钠溶液冲洗，碱性中毒用3%硼酸溶液冲洗。然后可点0.25%氯霉素眼药水，或0.5%金霉素眼药膏以防止感染。无药液时，只用微温清水冲洗亦可。

④经口误服毒物的急救。对于已经明确属口服毒物的神智清醒的患者，应马上采取催吐的办法，使毒物从体内排出。

a．催吐。首先让患者取坐位，上身前倾并饮水300～500毫升（普通的玻璃杯1杯），然后让病人弯腰低头，面部朝下，抢救者站在病人身旁，手心朝向病人面部，将中指伸到病人口中（若留有长指甲须剪短），用中指指肚向上钩按患者软腭（紧挨上牙的是硬腭，再往后就是柔软的软腭），按压软腭造成的刺激可以导致病人呕吐。呕吐后再让患者饮水并再刺激病人软腭使其呕吐，如此反复操作，直到吐出的是清水为止。也可用

羽毛、筷子、压舌板，或触摸咽部催吐。催吐可在发病现场进行，也可在送医院的途中进行，总之越早越好。有条件的还可服用1%硫酸锌溶液50～100毫升。必要时用去水吗啡（阿朴吗啡）5毫克皮下注射。

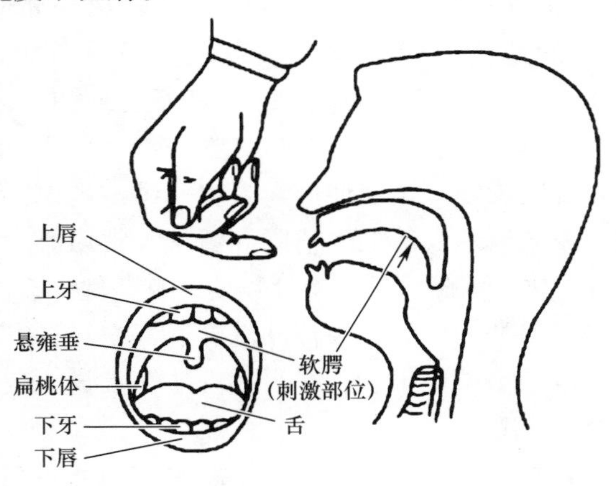

催吐禁忌：口服强酸、强碱等腐蚀性毒物者；已发生昏迷、抽搐、惊厥者；患有严重心脏病、食道胃底静脉曲张、胃溃疡、主动脉夹瘤的患者，孕妇。

b．洗胃。清醒者，越快越好，但神志不清、惊厥抽动、休克、昏迷者忌用。洗胃只能在医生指导下进行。洗胃液体一般用清水，如条件许可，亦可用无强烈刺激性化学液体破坏或中和胃中毒物。

c．灌肠。清洗肠内毒物，防止吸收。腐蚀性毒物中毒可灌入蛋清、稠米汤、淀粉糊、牛奶等，以保护胃肠黏膜，延缓毒物的吸收；口服炭末、白陶土有吸附毒物的功能；如由皮下、肌肉注射引起的中毒，时间还不长，可在原针处周围肌肉注射1%肾上腺素0.5 mg以延缓吸收。

⑤促进毒物的排除。用以下方法可促使已到体内的毒物排除。

a. 利尿排毒。大量饮水、喝茶水都有利尿排毒作用；亦可口服速尿20～40毫克。

b. 静脉注射排毒。用5%葡萄糖40～60毫升，加维生素C 500毫克静脉点滴。

c. 换血排毒。常用于毒性极大的氰化物、砷化物中毒，可将病人的血液换成同型健康人的血。

d. 透析排毒。在医院可做血液腹膜、结肠透析以清除毒物。

⑥镇静和保暖。镇静和保暖是抢救过程中减少耗氧的极为重要的环节。常用镇静药物非那根25毫克、安定10毫克肌肉注射。

（2）解毒和对症急救

关于解毒和对症急救需在医院进行。

（3）给予病人生命支持

在医生到达之前或在送病人去医院途中，对已发生昏迷的病人采取正确体位，防止窒息；对已发生心跳、呼吸停止的病人实施心、肺复苏等。

43. 刺激性气体中毒时如何急救?

刺激性气体过量吸入可引起以呼吸道刺激、炎症乃至肺水肿为主要表现的疾病状态，称为刺激性气体中毒。

（1）主要毒物

最常见的刺激性气体可大致分为如下几类

①酸类和成酸化合物，如硫酸、盐酸，硝酸、氢氟酸等酸雾；成酸氧化物（酸酐），二氧化硫、二氧化硫、二氧化氮、五氧化二氮、五氧化二磷等；成酸氢化物，氟化氢、氯化氢、

溴化氢、硫化氢等。

②氨和胺类化合物，如氨、甲胺、乙胺、乙二胺、乙烯胺等。

③卤素及卤素化合物，以氯气及含氯化合物（如光气）最为常见。近年有机氟化物中毒亦有增多，如八氟异丁烯、二氟一氯甲烷裂解气、氟里昂、聚四氟乙烯热裂解气等。

④金属或类金属化合物，如氧化镉、五氧化二钒、硒等。

⑤酯、醛、酮、醚等有机化合物，前二者刺激性尤强，如硫酸二甲酯、甲醛等。

⑥化学武器，如刺激性毒剂（苯氯乙酮、亚当气等）、糜烂性毒剂（芥子气、氮芥气）等。

⑦其他，如臭氧也为一重要病因，它常被用做消毒剂、漂白剂、强氧化剂，空气中的氧在高温或短波紫外线照射下也可转化为臭氧，最常见于氩弧焊、X线机、紫外线灯管、复印设备等工作。现代建筑材料、家具、室内装饰中已广泛采用高分子聚合物，故其失火烟雾中常含大量具有刺激性的热解物，如氮氧化物、氯气、氯化氢、光气、氨气等，应引起注意。

（2）刺激性气体的毒性作用

刺激性气体主要毒性在于它们对呼吸系统的刺激及损伤作用，这是因为它们可在黏膜表面形成具有强烈腐蚀作用的物质，如酸类物质或成酸化合物、氨或胺类化合物、醋类、光气等。

有的刺激性气体本身就是强氧化剂，如臭氧，可直接引起过氧化损伤。

上述损伤作用发生在呼吸道则可引起刺激反应，严重者可导致化学性炎症、水肿、充血、出血，甚至黏膜坏死；发生在肺泡，则可引起化学性肺水肿。化学物质的刺激性还可引起支气管痉挛及分泌增加，进一步加重可导致肺水肿。

（3）刺激性气体中毒症状

刺激性气体中毒主要存在三种中毒症状。

① 化学性（或称中毒性）呼吸道炎

主要因刺激性气体对呼吸道黏膜的直接刺激损伤作用所引起，水溶性越大的刺激性气体，对上呼吸道的损伤作用也越强，其进入深部肺组织的量也相应较少，如氯气、氨气、二氧化硫、各种酸雾等。此时，可同时见有鼻炎、咽喉炎、气管炎、支气管炎等表现及眼部刺激症状，如喷嚏、流涕、流泪、畏光、眼痛、喉干、咽痛、声嘶、咳嗽、咯痰等，严重时可有血痰及气急、胸闷、胸痛等症状；高浓度刺激性气体吸入可因喉头水肿而致明显缺氧、发绀，有时甚至引起喉头痉挛，导致窒息死亡。较重的化学性呼吸道炎可出现头痛、头晕、乏力、心悸、恶心等全身症状。轻度刺激性气体中毒，或高浓度刺激性气体吸入早期，应及时脱离中毒现场，给予适当处理后多能很快康复。

②化学性（中毒性）肺炎

主要是进入呼吸道深部的刺激性气体对细支气管及肺泡上皮的刺激损伤作用引起中毒性肺炎，常见表现除有呼吸道刺激症状外，主要表现为较明显的胸闷、胸痛、呼吸急促、咳剧、痰多，甚至可咯血；体温多有中度升高，伴有较明显的全身症状，如头痛、畏寒、乏力、恶心、呕吐等，一般可持续3～5天。

③化学性（中毒性）肺水肿

肺水肿是吸入刺激性气体后最严重的表现，如吸入高浓度刺激性气体可在短期内迅速出现严重的肺水肿，但一般情况下，化学性肺水肿多由化学性呼吸道炎乃至化学性肺炎演变而来，如积极采取措施，减轻乃至防止肺水肿的发生，对改善愈后有重要意义。

肺水肿主要特点是突然发生呼吸急促、严重胸闷气憋、剧

烈咳嗽，大量泡沫痰，呼吸常达30～40次/分以上，并伴明显发绀、烦躁不安、大汗淋漓，不能平卧。多数化学性肺水肿治愈后不留后遗症，但有些刺激性气体，如光气、氮氧化物、有机氟热裂解气等可引起的肺水肿，在恢复2～6周后可出现逐渐加重的咳嗽、发热、呼吸困难，甚至死于急性呼吸衰竭；还有些危险化学品，如氯气、氨气等可导致慢性堵塞性肺疾患；有机氟化合物、现代建筑失火烟雾等则可引起肺间质纤维化等。

（4）刺激性气体中毒的急救措施

刺激性气体中毒现场急救原则是：迅速将伤员脱离事故现场，对无心跳呼吸者采取人工呼吸和心肺复苏。

①群体性刺激性气体中毒救护措施

a．做好准备。

b．根据初步了解的事故规模、严重程度，做好药品、器材及特殊检验、特殊检查方面的准备工作，并与有关科室联络，以便协助处理伤员。

c．根据随伤员转送来的资料，按病情分级安排病房，并在入院检查后根据病情进展情况随时进行调整。各级伤员应统一巡诊，分工负责，严密观察，及时处置。原则上凡有急性刺激性气体吸入者，都应留观至少24小时。

e．严格病房无菌观念及隔离消毒制度，观察期及危重伤员应谢绝探视，保证病房安静清洁的治疗环境。

②早期（诱导期）的治疗处理

a．所有伤员。包括留观者，应尽早进行X线胸片检查，记录液体出入量，静卧休息。

b．积极改善症状，如剧咳者可使用祛痰止咳剂，包括适当使用强力中枢性镇咳剂；躁动不安者可给予安定镇静剂，如立定、非那根；支气管痉挛时可用异丙基肾上腺素气雾剂吸入或氨茶碱静脉注射；中和性药物雾化吸入有助于缓解呼吸道刺激症状，其中加入糖皮质激素、氨茶碱等效果更好。

c. 适度给氧。多用鼻塞或面罩，进入肺内之氧浓度应小于55%；慎用机械正压给氧，以免诱发气道坏死组织堵塞、纵膈气肿、气胸等。

d. 严格避免任何增加心肺负荷的活动，如体力负荷、情绪激动、剧咳、排便困难、过快过量输液等，必要时可使用药物进行控制，并可适当利尿脱水。

e. 抗感染。

f. 采用抗自由基制剂及钙通道阻滞剂，以在亚细胞水平上切断肺水肿的发生环节。

［血的教训］

2004年4月15日下午，重庆市天原化工厂2号氯冷凝器出现穿孔，有氯气泄漏，厂方随即进行处置。16日凌晨1时左右，裂管发生爆炸。凌晨4时左右，再次发生局部爆炸，大量氯气向周围弥漫。由于附近居民和单位较多，重庆市连夜组织人员疏散居民。16日17时57分，5 个装有液氯的氯罐在抢险处置过程中突然发生爆炸，当场造成9 人死亡，导致江北区、渝中区、沙坪坝区近15 万人疏散。事故发生后，重庆市消防特勤队员昼夜用高压水网（碱液）进行高空稀释，在较短的时间内控制了氯气扩散。

为避免剩余氯罐产生更大危害，现场指挥部和专家研究决定引爆氯罐。18日，存在危险的汽化器和储槽罐终于被全部销毁。全市解除警报。

对该起事故的应急救援过程分析，迅速疏散群众避免进一步伤亡是本次应急响应的亮点，但对氯罐的处置过程还有需要改进的地方。

44. 发生化学性眼灼伤时，如何急救？

酸、碱等化学物质溅入眼部引起损伤，其程度和预后决定于化学物质的性质、浓度、渗透力，以及化学物质与眼部接触的时间。常见的有硫酸、硝酸、氨水、氢氧化钾、氢氧化钠等，碱性化学品的毒性较大。

（1）烧伤症状

①低浓度酸、碱灼伤

刺痛、流泪、怕光、眼硷、结膜充血、结膜和角膜上皮脱落。

②高浓度酸、碱灼伤

剧烈疼痛、流泪、怕光、眼睑痉挛、眼睑及结膜高度充血水肿、局部组织坏死。

③严重的酸、碱灼伤

可损害眼的深部组织，出现虹膜炎、前房积脓、晶体浑浊、全眼球炎，甚至眼球穿孔、萎缩或继发青光眼。

（2）急救措施

①发生眼化学性灼伤，应立即彻底冲洗

现场可用自来水冲洗，冲洗时间要充分，半小时左右。如无水龙头，可把头浸入盛有清洁水的盆内，用水把上下眼睑翻开，眼球在水中轻轻左右摆动，然后再送医院治疗。

②用生理盐水冲洗，以去除和稀释化学物质

冲洗时，应注意穹窿部结膜，是否有固体化学物质残留，并去除坏死组织。石灰和电石颗粒，应先用植物油棉签清除，再用水冲洗。

45. 发生化学性皮肤灼伤时，如何急救？

（1）迅速移离现场，脱去污染的衣服，立即用大量流动清水冲洗20～30分钟。碱性物质污染后冲洗时间应延长，特别注意眼及其他特殊部位，如头面、手、会阴的冲洗，灼伤创面经水冲洗后，必要时进行合理的中和治疗，例如氢氟酸灼伤，经水冲洗后，需及时用钙、镁的制剂局部中和和治疗，必要时用葡萄糖酸钙静脉注射。

（2）化学灼伤创面应彻底清创、剪去水疱、清除坏死组织。深度创面应立即或早期进行削（切）痂植皮及延迟植皮。例如黄磷灼伤后应及早切痂，防止磷吸收中毒。

（3）对有些化学物灼伤，如氰化物、酚类、氯化钡、氢氟酸等在冲洗时应进行适当解毒急救处理。

（4）化学灼伤合并休克时，冲洗从速、从简，积极进行抗休克治疗。

（5）积极防治感染、合理使用抗生素。

①清创后，创面外搽1%磺胺嘧啶银霜剂（磺胺过敏者忌用）。

②伤后3天内选用青霉素，预防乙型链球菌感染。

③大面积深度灼伤、休克期病情不平稳或曾经长途转运、合并爆炸伤或创面严重感染、不易干燥、有出血点、创缘明显炎性浸润，伤后第二天即应调整抗生素，选择主要针对革兰氏阴性杆菌的抗生素如氨苄、氧哌嗪青霉素或第二、三代头孢菌素（头孢哌酮），必要时联合应用一种氨基甙类抗生素（链霉素、庆大霉素或丁胺卡那霉素等），并兼用抗阳性球菌的抗生素。若有继续使用抗生素的指征，根据药敏重新调整抗生素。

④植皮手术前创面培养分离到乙型溶血性链球菌，必须术前和术后全身应用大剂量青霉素。青霉素过敏者选用红霉素。

⑤灼伤后期引起败血症的病原菌主要是金葡菌，故应选择对金葡菌敏感的抗生素，但大多数对青霉素耐药，常用耐青霉

素酶的青霉素如苯唑青霉素（P12）或头孢菌素（第一代如头孢氨苄、头孢唑啉、头孢噻吩），但仍不能忽视革兰氏阴性杆菌感染的可能性。

⑥关于重症感染中抗生素的应用，一般原则为一种β-内酰胺类抗生素（包括青霉素类和头孢菌素类）加一种氨基糖甙类（包括链霉素、庆大霉素、丁胺卡那霉素等）较为合适，具体用药方案应取决于致病菌种类和药敏试验。

46. 发生酸灼伤时，如何急救?

酸灼伤大多由硫酸、硝酸、盐酸引起。此外，还有由铬酸、高氯酸、氯磺酸、磷酸等无机酸和乙酸、冰醋酸等有机酸引起。液态时引起皮肤灼伤，气态时吸入可造成呼吸道的吸入性损伤。灼伤的程度与皮肤接触酸的浓度、范围以及伤后是否及时用大量流动水冲洗有关。有机酸种类繁多，化学性质差异大，其致灼伤作用一般较无机酸弱。

（1）烧伤症状

①酸灼伤引起的痂皮色泽不同，是因各种酸与皮肤蛋白形成不同的蛋白凝固产物所致，如硝酸灼伤为黄色、黄褐色；硫酸灼伤为深褐色、黑色；盐酸灼伤为淡白色或灰棕色。

②酸性化学物质与皮肤接触后，因细胞脱水、蛋白凝固而阻止残余酸向深层组织侵犯，故病变常不侵犯深层（HF例外），形成以Ⅱ度为主的痂膜，其痂皮不易溶解、脱落。

③Ⅱ度酸灼伤的痂皮，其外观、色泽、硬度类似Ⅱ度焦痂。切痂前，应予注意。但缺乏皮下组织的部位如手背、胫骨前、足背、足趾等处，较长时间接触强酸较易造成Ⅱ度灼伤。一般判断痂皮色浅、柔软者，灼伤较浅。痂皮色深、较韧如皮革样。脱水明显而内陷者，灼伤较深。

（2）急救措施

①迅速脱去或剪去污染的衣着，创面立即用大量流动清水冲洗，冲洗时间20～30分钟。硫酸灼伤强调用大量水快速冲洗，以便既能稀释酸，又能使热量随之消散。

②中和治疗，冲洗后以5%碳酸氢钠液湿敷，中和后再用水冲洗，以防止酸进一步渗入。

③清创，去除水泡，以防酸液残留而继续作用。

④创面一般采用暴露疗法或外涂1%磺胺嘧啶银冷霜。

⑤头、面部化学灼伤时要注意眼、呼吸道的情况，如发生眼灼伤，应首先彻底冲洗。如有酸雾吸入，注意化学性肺水肿的发生。

47. 火灾现场如何急救?

火灾是日常生活中最常见的一种灾害， 常由高温、沸水、烟雾、电流等造成烧伤。更严重的是使人的皮肤、躯体、内脏等造成复合伤，甚至可致残或死亡。

（1）判断方法

烧伤面积是以烧伤部位与全身体表面积百分比计算的。

①新九分法：头、颈、面各占3%，共占9%；双上肢（双上臂7%，双前臂65，双手5%）共占18%；躯干（前13%、后13%、会阴1%）共占27%；双下肢（两大腿21%、两小腿13%、双臀5%、足7%）共占46%。

②手掌法：伤员自己手掌的面积，等于自己身体面积的1%计算。

③小儿头大，肢体大人小，需用下列公式计算。

头、颈、面部面积为9+（12–年龄）=所占体表面积百分数。

两下肢面积为45–（12–年龄）=所占体表面积百分数。

④烧伤深度我国多采用三度四分法。

Ⅰ度，称红斑烧伤。只伤表皮，表现为轻度浮肿，热痛，感染过敏，表皮干燥，无水疱，需3～7天痊愈，不留瘢痕。

浅Ⅱ度，称水泡性烧伤。可达真皮，表现为剧痛，感觉过敏，有水泡，创面发红，潮湿、水肿，需8～14天痊愈，有色素沉着。

深Ⅱ度，伤及真皮深层。表现为痛觉迟钝，可有水疱，创面苍白潮湿，红色斑点，需20～30天或更长时间才能治愈。

Ⅲ度，烧伤可深达骨。表现为痛觉消失，皮肤失去弹性，干燥，无水泡，似皮革，创面焦黄或炭化。

烧伤面积越大，深度越深，危害性越大。头面部烧伤易出现失明，水肿严重；颈部烧伤严重者易压迫气道，出现呼吸困难，窒息；手及关节烧伤易出现畸形，影响工作、生活；会阴烧伤易出现大小便困难，引起感染；老、小、弱者治疗困难，愈合慢。

（2）急救原则

急救原则是一脱，二观，三防，四转。

一脱：急救头等重要的问题是使伤员脱离火场，灭火，分秒必争。

二观：观察伤员呼吸、脉搏、意识如何，目的是分开轻重缓急进行急救。

三防：防止创面不再受污染，包括清除眼、口、鼻的异物。

四转：把重伤者安全转送医院。

（3）急救方法

①清理创面：先口服镇痛药杜冷丁50～100毫克/次，最好用生理盐水稀释1倍从静脉缓慢推入。立即止痛后，用微温清水或肥皂水清除泥土、毛发等污物，再用蘸75%酒精（或白酒）的棉球轻轻清洗创面，不要把水泡挤破。然后用无菌纱布或

毛巾、被单敷盖，再用绷带或布带轻松包扎。也可采用暴露法，但要作无菌或干净的大块纱布、被罩盖上，保护创面，防止感染。

②轻度烧伤者可饮1 000 毫升水，水中加3克盐、50克白糖，有条件再加入碳酸氢钠1.5克。严重者按体重进行静脉输液。

③要清除呼吸道污物，呼吸困难要进行人工呼吸，心跳失常者进行胸外按压。

（3）火灾时的紧急处理

①遇有火灾，第一是大声呼救或立即给“119”打电话报警。

②报警时，要报清火灾户主的姓名，区、街、巷、门牌号数以及邻近重要标记。派人在巷口指引消防队，以免耽误时间。

③如在火焰中，头部最好用湿棉被（不用化纤的）包住，露出眼便于逃生。

④身上的衣服被烧着时，用水冲、湿被捂住，或就地打滚，以达到扑灭身上之火的目的。绝对不能带火逃跑，这样会使火越着越大，增加伤害。

⑤遇有浓烟滚滚火灾时，把毛巾打湿紧按住嘴和鼻子，防高温、烟呛和窒息。

⑥浓烟常在离地面30多厘米处四散。逃生时身体姿势要放低，最好爬出浓烟区。

⑦逃出时即使忘了带重要物品，也切忌不要再进入火区。

⑧家门口平时不要堆积过多的东西，以便逃路通畅。老人小孩应睡在容易出入的房间。

⑨火灾时容易发生直接或间接的损伤，如玻璃破碎、房屋倒

塌造成各种外伤，甚至发生喉咙痛，睁不开眼，咳嗽，呼吸困难和窒息。应及时急救，或拨“120”请急救中心来急救。

［专家提示］

（1）当火场发生紧急情况，危及救援人员生命和车辆安全时，应立即将救援人员和车辆转移到安全地带。

（2）采取工艺灭火措施时，要在失火单位的工程技术人员的配合指导下进行。

（3）火场内如有带电设备应采取切断电源和预防触电的措施。

（4）火场救援时一定要清点本单位人数和器材装备，如发现缺少灭火人员，必须及时查明情况，若有在火场下落不明者应该迅速搜寻，逐个落实。

（5）在使用交通工具运送火灾伤员时，应密切注意伤员伤情，要进行途中医疗监测和不间断的治疗。注意伤员的脉搏、呼吸和血压的变化，对重伤员需要补液治疗，路途较长时需要留置导尿管。

（6）冷却受伤部位，用冷自来水冲洗伤肢冷却伤处。

（7）不要刺破水泡，伤处不要涂药膏，不要粘贴受伤皮肤。

（8）衣服着火时站立或奔跑呼叫，以防止增加头面部烧伤或吸入损害。

（9）迅速离开密闭或通风不良的现场，以免发生吸入损伤。

（10）用身边不易燃的材料，如毯子、雨衣、棉被等，最好是阻燃材料，迅速覆盖着火处，使与之隔绝。

（11）凝固汽油弹爆炸、油点下落时，应迅速隐蔽或利用衣物等将身体遮盖，尤其是裸露部位；等待油点落尽后，将着火的衣服迅速解脱、抛弃，并迅速离开现场，不可用手扑打火焰以免烧伤。

（12）头面部烧伤时，应首先注意眼睛，尤其是角膜有无损伤，并优先予以冲洗。尤其是碱烧伤。

48. 人身上着火时怎么办?

（1）当身上套着几件衣服时，火一下是烧不到皮肤的。应将着火的外衣迅速脱下来。有纽扣的衣服可用双手抓住左右衣襟猛力撕扯将衣服脱下，不能像平时那样一个一个地解纽扣，因为时间来不及。如果穿的是拉链衫，则要迅速拉开拉锁将衣服脱下。

（2）身上如果穿的是单衣，应迅速趴在地上；背后衣服着火时，应躺在地上；衣服前后都着火时，则应在地上来回滚动，利用身体隔绝空气，覆盖火焰，窒息灭火。但在地上滚动的速度不能快，否则火不容易压灭。

（3）在家里，使用被褥、毯子或麻袋等物灭火，效果既好又及时，只要打开后遮盖在身上，然后迅速趴在地上，火焰便会立刻熄灭；如果旁边正好有水，也可用水浇。

（4）在野外，如果附近有河流、池塘，可迅速跳入浅水中；但若人体已被烧伤，而且创面皮肤已烧破时，不宜跳入水中，更不能用灭火器直接往人体上喷射，因为这样做很容易使烧伤的创面感染细菌。

49. 火灾中烧伤时如何急救?

火灾中一旦发生烧伤，特别是较大面积的烧伤，死亡率与致残率较高，严重影响了人类的健康。由于烧伤防治知识普及性较差，广大人民群众更是对其基本知识及防治知之甚少，使

一些烧伤病人得不到及时有效的治疗甚至丧失了宝贵的生命。

（1）热力烧伤的现场急救

热力烧伤一般包括热水、热液、蒸气，火焰和热固体以及辐射所造成的烧伤。在日常生活中发生最多，因而民间的急救措施也多种多样，最常见的是在创面上涂抹牙膏、酱油、香油等，这些物品都不利于热量散发同时可能加重创面污染。

有效的措施：应立即去除致伤因素并给予降温。如热液烫伤，应立即脱去被浸渍的衣物，使热力不再继续作用并尽快用凉水冲洗或浸泡，使伤部冷却，减轻疼痛和损伤程度。火焰烧伤时切忌奔跑呼喊，以手扑火，以免助火燃烧而引起头面部呼吸道和手部烧伤，应就地滚动或用棉被毯子等覆盖着火部位。适宜水冲的以水灭火。不适宜水冲的用灭火器等。

去除致伤因素后，创面应用冷水冲洗，这样做的好处是能防止热力的继续损伤，可减少渗出和水肿，减轻疼痛。冷疗需在伤后半小时内进行，否则无效。具体方法是烧伤后创面立即浸入自来水或冷水中，水温15～20℃，即可用纱布垫或毛巾浸冷水后敷于局部半小时至一小时，或更长，直到停止冷疗后创面不再感觉疼痛。冷水冲洗的水流与时间应结合季节、室温、烧伤面积、伤员体质而定，气温低烧伤面积大，年老体弱的则不能耐受较大范围的冷水冲洗，冲洗后的创面不要随意涂抹，即使基层医疗单位和家庭常用的一些外用药如龙胆紫红汞等也不行，以免影响清创和对烧伤深度的诊断，创面可用无菌敷料，没有条件的可用清洁布单或被子覆盖，尽量避免与外界直接接触，尽快送医院诊治。

（2）吸入性损伤的现场急救

吸入性损伤是指热空气、蒸气、烟雾有害气体挥发性化学物质等，致伤因素和其中某些物质中的化学成分，被人体吸入所造成的呼吸道和肺实质的损伤，以及毒性气体和物质吸入引起的全身性化学中毒。

吸入性损伤主要归纳为以下三个方面：一是热损伤，吸入的干热或湿热空气直接造成呼吸道黏膜、肺实质性损伤。二是窒息，因缺氧或吸入窒息剂引起窒息，是火灾中常见的死亡原因，一方面在燃烧过程中，尤其是密闭环境中大量的氧气被急剧消耗，高浓度的二氧化碳可使伤员窒息；另一方面含碳物质不完全燃烧可产生一氧化碳，含氮物质不完全燃烧可产生氰化氢，两者均为强力窒息剂，吸入人体后可引起氧代谢障碍导致窒息。三是化学损伤，火灾烟雾中含有大量的粉尘颗粒和各种化学性物质，这些有害物质可通过局部刺激或吸收引起呼吸道黏膜的直接损伤和广泛的全身中毒反应。

此时迅速使伤员脱离火灾现场置于通风良好的地方清除口鼻分泌物和炭粒，保持呼吸道通畅，有条件者给予导管吸氧。判断是否有窒息剂，如一氧化碳氰化氢中毒的可能性，及时送医疗中心进一步处理，途中，要严密观察，防止因窒息而死亡。

（3）电烧伤的现场急救

电烧伤时，首先要用木棒等绝缘物或橡胶手套切断电源，立即进行急救，维持病人的呼吸和循环，出现呼吸和心跳停止者，应立即进行口对口人工呼吸和胸外心脏按压，不要轻易放弃。

（4）烧伤伴合并伤的现场急救

火灾现场造成的损伤往往还伴有其他损伤，如煤气油料爆炸可伴有爆震伤，房屋倒塌、车祸时可伴有挤压伤，另外还可造成颅脑损伤、骨折内脏损伤、大出血等。在急救中对危急病人生命的合并伤应迅速给予处理，如活动性出血应给予压迫或包扎止血。开放性损伤争取灭菌包扎或保护。合并颅脑、脊柱损伤者，应注意小心搬动，合并骨折者给予简单固定等。

（5）现场急救后转送前的注意事项

经过现场急救后为使伤员能够得到及时系统的治疗，应尽快转送医院，送医院的原则是尽早、尽快、就近。但是由于一些基层医院没有烧伤外科专业人员，因此烧伤伤员经常遇到再次转院的问题。对轻中度烧伤一般可以及时转送，但对重度伤员，因伤后早期易发生休克，故对此类伤员应首先及时建立静脉补液通道给予有效的液体复苏，能有效预防休克的发生或及时纠正休克，减轻创面损伤程度降低烧伤并发症的发生率，该工作若由火场消防医护人员或就近医疗单位负责，能避免耽误时机。一般成人烧伤面积大于15%，儿童大于10%，其中Ⅱ度以上烧伤面积占1/2 以上者，即有发生低血容量性休克的可能性，多需要静脉补液治疗。

50. 触电时如何急救?

电击伤俗称触电，是由于电流或电能（静电）通过人体，造成机体损伤或功能障碍，甚至死亡。大多数是由于人体直接接触电源所致，也有被数千伏以上的高压电击伤。

接触1 000伏以上的高压电多出现呼吸停止，220 伏以下的低压电易引起心肌纤颤及心搏停止，220～1 000 伏的电压可致心脏和呼吸中枢同时麻痹。

触电时的症状：轻者有心慌，头晕，面部苍白，恶心，神志清楚，呼吸、心跳规律，四肢无力，如脱离电源，安静休息，注意观察，不需特殊处理。重者呼吸急促，心跳加快，血压下降，昏迷，心室颤动，呼吸中枢麻痹以至呼吸停止。

触电局部可有深度烧伤，呈焦黄色，与周围正常组织分界清楚，有两处以上的创口，一个入口、一个或几个出口，重者创面深及皮下组织、肌腱、肌肉、神经，甚至深达骨骼，呈炭化状态。

（1）急救措施

①尽快切断电源。立即拉下总闸门或关闭电源开关，拔掉插头，使触电者很快脱离电源。急救者可用绝缘物（干燥竹杆、扁担、木棍、塑料制品、橡胶制品、皮制品）挑开接触病人的电源，使病人迅速脱离电源。

②如患者仍在漏电的机器上时，赶快用干燥的绝缘棉衣、棉被等将病人推拉开。

③未切断电源之前，抢救者切忌用自己的手直接去拉触电者，因人体是良导体，极易导电。

④确认心跳停止时，在用人工呼吸和胸外心脏挤压后，才可使用强心剂。

⑤触电灼烧伤应合理包扎。在高空高压线触电抢救中，要注意再摔伤。

⑥急救者最好穿胶鞋，踏在木板上保护自身。心跳、呼吸停止还可注射肾上腺素、异丙肾上腺素。血压仍低时，可注射阿拉明、多巴胺，呼吸不规则可注射尼可刹米、山梗菜碱。

（2）注意事项

救护人员应在确认触电者已与电源隔离， 且救护人员本身所涉环境安全距离内无危险电源时， 方能接触伤员进行抢救。

在抢救过程中， 不要为方便而随意移动伤员， 如确需移动， 应使伤员平躺在担架上并在其背部垫以平硬阔木板， 不可让伤员身体蜷曲进行搬运。移动过程中应继续抢救。

任何药物都不能代替人工呼吸和胸外心脏按压， 对触电者用药或注射针剂， 应由有经验的医生诊断确定， 慎重

使用。

抢救过程中，要每隔数分钟再判定一次，每次判定时间均不得超过一秒。做人工呼吸要有耐心，尽可能坚持抢救一小时以上，直到把人救活，或者一直抢救到确诊死亡时为止。

如需送医院抢救，在途中也不能中断急救措施。

在医务人员未接替抢救前，现场救护人员不得放弃现场抢救，只有医生有权做出伤员死亡的诊断。

（3）预防措施

①家用电器最好接有地线。

②掌握家电知识，自己不拆卸安装电器。

③发现电线、开关等有问题时，请专业人员修理。

④不在已破电线上搭晒衣物。

⑤远离大风刮倒刮断的高压线（10米远）。

⑥禁止在潮湿的地板上修电器。发现有“霹雳”的火花声时，立即关闭电源，预防触电。

51. 雷击时，现场如何急救？

我国雷暴活动主要集中在每年的6～8月。打雷时，出现耀眼的闪光，发出震耳的轰鸣。打雷的时间短（一次雷击时间约60秒），电流大（可高达几万至几十万安），电压高（可高达数十万至数百万伏特）。我国每年有3 000~4 000人遭雷击而身亡，造成直接经济损失50亿～100亿元。如果没有可靠的防雷装置，建筑物、设备装置或人体遭到雷击，将带来火灾、爆炸、死亡等灾害，造成巨大的损失。

雷击损伤一般伤情较重，非死即伤。主要造成灼伤，神经系统损伤，耳鼓膜破裂、爆震性耳聋，白内障、失明，肢体瘫痪或坏死而需截肢，重则呼吸心跳停止、休克、死亡等。高压电的电击伤与雷击造成的损伤相似。

（1）决定雷电致人伤害的因素

①高电压。打雷、闪电正负电位差可达几千万甚至几亿伏特，遭遇雷击时的电压足以致人死亡，即使不死也会严重受伤。

②电流。超出人体忍受强度的电流即可对人造成伤害。电流越强，伤害越大。电击的电流足以致人体神经、肌肉痉挛，灼伤甚至休克或死亡。

③电击部位与触电时间。一般电流通过大脑、心脏等重要器官者危害大，触电时间长者危害更大。

（2）电击造成的主要伤害

①大脑神经系统损伤致昏迷、休克、惊厥、神经失能、痉挛、伤后遗忘等。

②心血管系统损伤造成心脏停跳，血管灼伤、断裂，形成血栓、供血中断等。

③呼吸系统损伤。由于脑、神经传导及呼吸肌的痉挛等，造成呼吸功能失常，导致呼吸停止或异常。

④运动系统损伤。由于昏迷、休克、惊厥或肌肉灼伤，可致运动功能丧失；高空作业者从高处坠落，伤亡更重。

（3）雷击的特点

雷击（电击）损伤瞬间发生，伤情严重，生命危在旦夕，必须立即施救。多数患者要给予心肺复苏、脑复苏抢救。有心室纤颤、心律异常者，应给以除颤整律治疗。

雷击损伤较为复杂，要求多学科综合救治。重点在于维持呼吸、稳定血压、纠正酸中毒、医治烧灼伤等。

（4）雷击伤的急救

①伤者就地平卧，松解衣扣、乳罩、腰带等。

②立即口对口呼吸和胸外心脏挤压，坚持至病人苏醒为止。

③送医院急救。

（5）预防

①雷雨天不在室外走动或大树下避雨。拿掉身上的金属饰品，蹲下防雷击。关闭电视、收音机，拔掉天线。

②打雷时远离电灯、电源，不靠近柱子和墙壁，以防引起感应电。

③在高楼上须尽快入室，在高山快下来，正游泳快上岸。

④关好门窗及家用电器的电源开关。

⑤在室外者感到头发竖立，皮肤刺痛，肌肉发抖，即有将被闪电击中的危险，应立即卧倒或远离原地，可避免雷击。

（6）注意事项

①处理电击伤时，应注意有无其他损伤。如触电后弹离电源或自高空跌下，常并发颅脑外伤、血气胸、内脏破裂、四肢和骨盆骨折等。

②现场抢救中，不要随意移动伤员，若确需移动时，抢救中断时间不应超过30 秒。移动伤员或将其送往医院，除应使伤员平躺在担架上并在背部垫以平硬阔木板外，应继续抢救，心跳呼吸停止者要继续人工呼吸和胸外心脏按压，在医院医务人员未接替前救治不能中止。

③对电灼伤的伤口或创面不要用油膏或不干净的敷料包敷，要用干净的敷料包扎，或送医院后待医生处理。

④碰到闪电打雷时，要迅速到就近的建筑物内躲避。在野外无处躲避时，要将手表、眼镜等金属物品摘掉，找低洼处伏倒躲避，千万不要在大树下躲避。不要站在高墙上、树木下、

电杆旁或天线附近。

52. 如何躲避雷击?

（1）室内预防雷击

①电视机的室外天线在雷雨天要与电视机脱离。

②雷雨天气应关好门窗，防止球形雷窜入室内造成危害。

③雷雨天气，人体最好离开可能传来雷电侵入波的线路和设备1.5米以上。具体的防御措施如下：

a．尽量暂时不用电器，最好拔掉电源插头。

b．不要打电话。

c．不要靠近室内的金属设备，如暖气片、自来水管、下水管。

d．要尽量离开电源线、电话线、广播线，以防止这些线路和设备对人体的二次放电。

e．不要穿潮湿的衣服，不要靠近潮湿的墙壁。

（2）室外预防雷击

雷电通常会击中户外最高的物体尖顶，所以孤立的高大树木或建筑物往往最易遭雷击。人们在雷电大作时，在户外应遵守以下规则，以确保安全。

①雷雨天气时不要停留在高楼平台上，在户外空旷处不宜进入孤立的棚屋、岗亭等。

②远离建筑物外露的水管、煤气管等金属物体及电力设备。

③不宜在大树下躲避雷雨，如万不得已，则需与树干保持3米距离，下蹲并双腿靠拢。

④如果在雷电交加时，头、颈、手处有蚂蚁爬走感，头发竖起，说明将发生雷击，应赶紧趴在地上，并拿去身上佩戴的

金属饰品和发卡、项链等，这样可以减少遭雷击的危险。

⑤如果在户外遭遇雷雨，来不及离开高大物体时，应马上找干燥的绝缘物放在地上，并将双脚并拢坐在上面，切勿将脚放在绝缘物以外的地面上，因为水能导电。

⑥在户外躲避雷雨时，应注意不要用手撑地，同时双手抱膝，胸口紧贴膝盖，尽量低下头，因为头部较之身体其他部位最易遭到雷击。

⑦当在户外看见闪电几秒钟内就听见雷声时，说明正处于近雷暴的危险环境，此时应停止行车，两脚并拢并立即下蹲，不要与人拉在一起，最好使用塑料雨具、雨衣等。

⑧在雷雨天气中，不宜在旷野中打伞，或高举羽毛球拍、高尔夫球棍、锄头等；不宜进行户外球类运动，雷暴天气进行高尔夫球、足球等运动是非常危险的；不宜在水面和水边停留；不宜在河边洗衣服、钓鱼、游泳、玩耍。

⑨在雷雨天气中，不宜快速开摩托、快骑自行车和在雨中狂奔，因为身体的跨步越大，电压就越大，也越容易伤人。

⑩如果在户外看到高压线遭雷击断裂，此时应提高警惕，因为高压线断点附近存在跨步电压，附近的人此时千万不要跑动，而应双脚并拢，跳离现场。

⑪如在车厢里，不要将头、手伸出。不管在车里车外，都要尽量保持身体干燥不被淋湿。潮湿状态更易遭电击。

53. 淹溺时，现场如何急救?

当出现淹溺的情况时尽快将溺水者打捞到陆地上或船上，立刻做俯卧人工呼吸，至少连续15分钟，不可间断。同时由他人解开溺水者衣扣，检查呼吸、心跳情况，救起的溺水者若尚有呼吸、心跳，可先倒水，动作要敏捷，切勿因此延误其他抢救措施。检查溺水者的口鼻腔内是否有异物，如存在立即清除口鼻腔内污泥、杂草、呕吐物等，保持呼吸道通畅，注意保暖。

（1）急救方法

①救护者一腿跪地，另一腿屈膝，将溺水者的腹部置于救护者屈膝的大腿上、将头部下垂，然后用手按压背部使呼吸道及消化道内的水倒排出来。

②抱住溺水者两腿，腹部放救护者的肩上并快步走动。

③如呼吸、心跳已停止，应立即进行心肺复苏术。胸外心脏按压术和口对口人工呼吸，吹气量要偏大，吹气频率为14～16次/分钟。要坚持较长的时间，切不可轻易放弃。若有条件时做气管内插管，吸出水分并做正压人工呼吸。

④昏迷者可针刺人中、涌泉、内关、关元等穴，强刺激留针5～10分钟。

⑤呼吸、心跳恢复后，人工呼吸节律可与患者呼吸一致，给予辅助，待自动呼吸完全恢复后可停止人工呼吸，同时用干毛巾向心脏方向按摩四肢及躯干皮肤，以促进血液循环，淹溺救治的重点是尽快改善淹溺者低氧血症，恢复有效血循环及纠正酸中毒。

⑥有外伤时应对症处理，如包扎、止血、固定等。

⑦苏醒后继续治疗，防治溺水后并发症。

⑧酌情补液及维持电解质及酸碱平衡。必要时有条件者进行血液动力学监护。

⑨放置胃管排出胃内容物，以防呕吐物误吸。应用抗菌药物，以防治吸入性肺炎及其他继发感染。

⑩警惕急性肺水肿、急性肾功能衰竭及脑水肿等并发症。

（2）注意事项

①不要因倒水而影响其他抢救；

②要防止急性肾功能衰竭和继发感染；

③注意是否合并肺气压伤和减压病；

④不要轻易放弃抢救，特别低体温者（<32℃）应抢救更长时间。

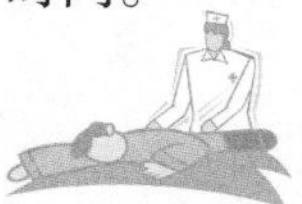

［血的教训］

某河边张某溺水后，王某奋不顾身跳下水进行抢救，王某虽然会游泳，但一接近张某。即被张某紧紧抱住了，结果一同沉入了水中。王某挣脱张某后，再次极力进行抢救，终于把张某救到岸上。面对张某“青紫的脸和布满血丝的双眼”“没有缓过气来”的严重情况，王某有点不知所措，只是耐心地为张某一遍遍控水，却没有进行必要的人工呼吸和胸外心脏按压，等救护人员到达时张某已经死亡。

由此可见，溺水者现场紧急救护非常重要，现场尽管溺水造成死亡的过程是那样短促，但根据抢救经验，通过现场的救护措施，如人工呼吸等，很可能就挽救了生命。在实施人工呼吸时，时间一般都比较长，救护人员要有信心和耐心，千万不要轻易放弃。

54. 中暑时如何急救?

中暑是高温影响下的体温调节功能紊乱，常因烈日暴晒或在高温环境下重体力劳动所致。

（1）中暑原因

正常人体温能恒定在37℃左右，是通过下丘脑体温调节中枢的作用，使产热与散热取得平衡的结果，当周围环境温度超过皮肤温度时，散热主要靠出汗，以及皮肤和肺泡表面的蒸发。人体的散热还可通过循环血流，将深部组织的热量带至上下组织，通过扩张的皮肤血管散热，因此经过皮肤血管的血流越多，散热就越多。如果产热大于散热或散热受阻，体内有过量热蓄积，即产生高热中暑。

（2）中暑的分类

①先兆中暑。为中暑中最轻的一种。表现为在高温条件下劳动或停留一定时间后，出现头昏、头痛、大量出汗、口渴、乏力、注意力不集中等症状，此时的体温可正常或稍高。这类病人经积极处理后，病情很快会好转，一般不造成严重后果。处理方法也比较简单，通常是将病人立即带离高热环境，来到阴凉、通风条件良好的地方，解开衣服，口服清凉饮料及0.3%的冰盐水或十滴水、人丹等防暑药。经短时间休息和处理后，症状即可消失。

②轻度中暑。往往因先兆中暑未得到及时救治发展而来，除有先兆中暑的症状外，还可同时出现体温升高（通常>38℃），面色潮红，皮肤灼热；比较严重的可出现呼吸急促，皮肤湿冷，恶心，呕吐，脉搏细弱而快，血压下降等呼吸、循环早衰症状。处理除按先兆中暑的方法外，应尽量饮水或静脉滴注5%葡萄糖盐水，也可用针刺人中、合谷、涌泉、曲池等穴位。如体温较高，可采用物理方法降温；对于出现呼吸、循环衰竭倾向的中暑病人，应送送医院救治。

③重症中暑。中暑中最严重的一种。多见于年老、体弱者，往往以突然谵妄或昏迷起病，出汗停止可为其前驱症状。患者昏迷，体温常在40℃以上，皮肤干燥、灼热，呼吸快、脉搏>140次/分。这类病人治疗效果很大程度上取决于抢救是否及时。因此，一旦发生中暑，应尽快将病人体温降至正常或接近

正常。降温的方法有物理和药理两种：物理降温简便安全，通常是在病人颈项、头顶、头枕部、腋下及腹股沟加置冰袋，或用凉水加少许酒精擦浴，一般持续半小时左右；同时可用电风扇向病人吹风以增加降温效果。药物降温效果比物理方式好，常用药为氯丙嗪，但应在医护人员的指导下使用。由于重症中暑病人病情发展很快，且可出现休克、呼吸衰竭，时间长可危及病人生命，所以应分秒必争地抢救。最好尽快送条件好的医院施治。

（3）急救措施

①搬移。迅速将患者抬到通风、阴凉、干爽的地方，使其平卧并解开衣扣，松开或脱去衣服，如衣服被汗水湿透应更换衣服。

②降温。患者头部可捂上冷毛巾，可用50%酒精、白酒、冰水或冷水进行全身擦浴，然后用扇子或电扇吹风，加速散热。有条件的也可用降温毯给予降温。但不要快速降低患者体温，当体温降至38℃以下时，要停止一切冷敷等强降温措施。

③补水。患者仍有意识时，可给一些清凉饮料，在补充水分时，可加入少量盐或小苏打水。但千万不可急于补充大量水分，否则，会引起呕吐、腹痛、恶心等症状。

④促醒。病人若已失去知觉，可指掐人中、合谷等穴，使其苏醒。若呼吸停止，应立即实施人工呼吸。

⑤转送。对于重症中暑病人，必须立即送医院诊治。搬运病人时，应用担架运送，不可使患者步行，同时运送途中要注意，尽可能的用冰袋敷于病人额头、枕后、胸口、肘窝及大腿根部，积极进行物理降温，以保护大脑、心肺等重要脏器。

55. 冷冻伤时如何急救?

低温引起人体的损伤为冷冻伤，分为非冻结性冷伤和冻结性冷伤。

（1）非冻结性冷伤

①主因。由10℃以下至冰点以上的低温，加以潮湿条件所造成。如冻疮、战壕足、浸渍足。暴露在冰点以下低温的机体局部皮肤、血管发生收缩，血流缓慢，影响细胞代谢。当局部达到常温后，血管扩张、充血、有渗液。

②主症。首先足、手和耳部红肿，伴痒感或刺痛，有水泡，合并感染后糜烂或溃疡。

③急救。局部表皮涂冻疮膏，每日温敷二三次。有糜烂或溃疡者用抗生药。

（2）冻结性冷伤

① 主因。大多发生于意外事故或战争时期，人体接触冰点以下的低温和野外遇暴风雪，掉入冰雪中或不慎被制冷剂如液氮、固体CO_2损伤所致。

②主症。局部冻伤分为四度。

Ⅰ度冻伤：伤及表皮层。局部红肿，有发热，痒、刺痛感。数天后干痂脱落而愈，不留瘢痕。

Ⅱ度冻伤：损伤达真皮层。局部红肿明显，有水泡形成，自觉疼痛，若无感染，局部结痂愈合，很少有瘢痕。

Ⅲ度冻伤：伤及皮肤全层和深达皮下组织。创面由苍白变为黑褐色，周围有红肿、疼痛，有血性水泡。若无感染，坏死组织干燥成痂，愈合后留有瘢痘，恢复慢。

Ⅳ度冻伤：伤及肌肉、骨等组织。局部似Ⅱ度冻伤。治愈后留有功能障碍或致残。

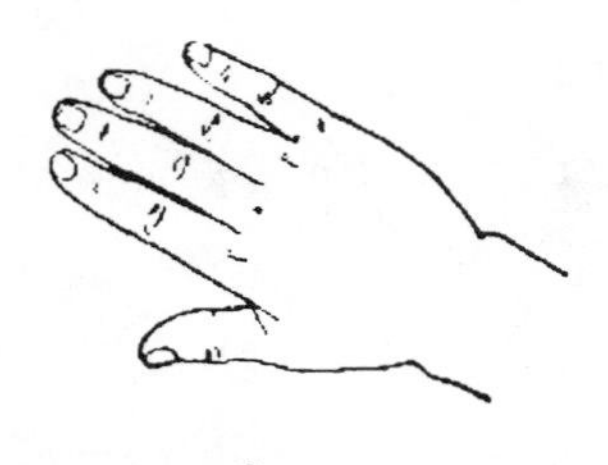

Ⅰ度冻伤：皮肤苍白，继而出现蓝紫色伴有硬块；后变红肿，发痒，刺痛。

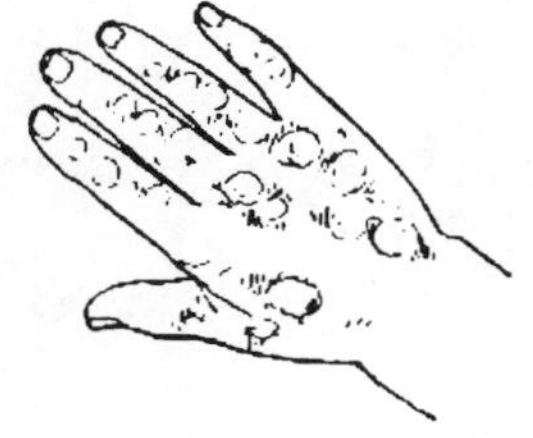

Ⅱ度冻伤：皮肤出现水泡，红肿，发痒，并有烧灼痛。

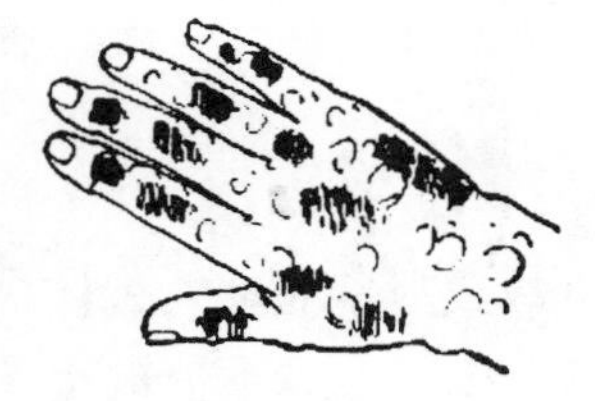

Ⅲ度冻伤：皮肤发黑，冻伤的地方没有知觉，麻木得很，周围皮肤出现水泡，很痛。

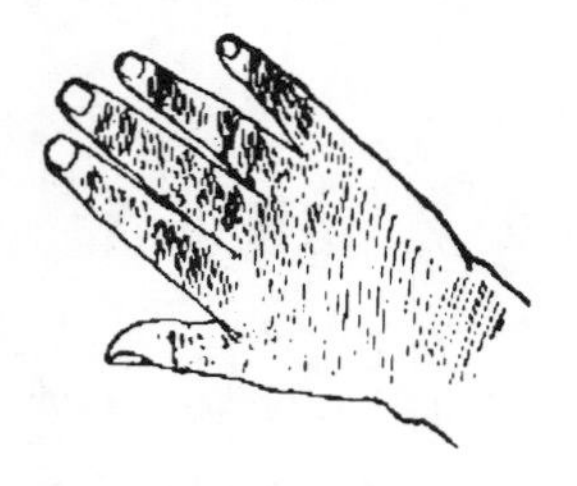

Ⅳ度冻伤：皮色发暗灰色，局部出现坏死。没有了感觉，也不能活动。

（3）急救

复温是救治基本手段。首先脱离低温环境和冰冻物体。衣服、鞋袜等同肢体冻结者勿用火烘烤，应用温水（40℃左右）融化后脱下或剪掉。然后用38～40℃温水浸泡伤肢或浸浴全身，水温要稳定，使局部在20分钟、全身在半小时内复温。到肢体红润，皮温达36℃左右为宜。对呼吸心跳骤停者，施行心脏按压和人工呼吸。

56. 高空坠落时如何急救?

高空坠落伤是指人们日常工作或生活中，从高处坠落，受到高速坠地的冲击力，使人体组织和器官遭到一定程度破坏而引起的损伤。多见于建筑施工和电梯安装等高空作业，通常有多个系统或多个器官的损伤，严重者当场死亡。高空坠落伤除有直接或间接受伤器官表现外，尚有昏迷、呼吸窘迫、面色苍白和表情淡漠等症状，可导致胸、腹腔内脏组织器官发生广泛的损伤。高空坠落时，足或臀部先着地，外力沿脊柱传导到颅脑而致伤；由高处仰面跌下时，背或腰部受冲击，可引起腰椎前纵韧带撕裂，椎体裂开或椎弓根骨折，易引起脊髓损伤。脑干损伤时常有较重的意识障碍、光反射消失等症状，也可有严重合并症的出现。

急救方法：去除伤员身上的用具和口袋中的硬物。在搬运和转送过程中，颈部和躯干不能前屈或扭转，而应使脊柱伸直，绝对禁止一个抬肩一个抬腿的搬法，以免发生或加重截瘫。创伤局部妥善包扎，但对疑颅底骨折和脑脊液漏患者切忌做填塞，以免导致颅内感染。颌面部伤员首先应保持呼吸道畅通，卸除假牙，清除移位的组织碎片、血凝块、口腔分泌物等，同时松解伤员的颈、胸部纽扣。若舌已后坠或口腔内异物无法清除时，可用12号粗针穿刺环甲膜，维持呼吸，尽可能早做气管切开。复合伤要求平仰卧位，保持呼吸道畅通，解开衣领扣。

57. 发生坍塌事故时，如何急救?

坍塌事故是建筑行业的五大常见伤亡事故之一。随着高层

和超高层建筑的大量增加，基础工程施工工艺越来越复杂，在土方开挖过程中的坍塌事故也在增加。同时，由于建筑物的质量缺陷和地震等自然灾害，也将引起建筑物坍塌事故。

当土方或建筑物发生坍塌后，直接造成人员被砸、被埋、放压，往往造成重大人员伤亡和国家财产巨大损失。

（1）现场急救

①当发现土方或建筑物有裂纹或发出异常声音时，应立即停止作业，并通知、组织人员快速撤离到安全地点。

②当土方或建筑物发生坍塌后，造成人员被埋、被压的情况下，立即拨打报警和急救电话。在确认不会再次发生同类事故的前提下，立即进行抢救受伤人员。

③当少部分土方坍塌时，抢救或救护人员要用铁锹进行挖掘，并注意不要伤及被埋人员；当建筑物整体倒塌造成特大事故时，应在指挥的统一领导下开展抢险工作，采用吊车、挖掘机进行抢救，现场要有指挥并监护，防止机械伤及被埋或被压人员。

④被抢救出来的伤员，现场救护人员进行抢救，用担架把伤员抬到救护车上。对伤势严重的人员要立即进行吸氧和输液，到医院后组织医务人员全力救治伤员。

（2）注意事项

①在进行现场救护前，应对现场进行评估，如若有再次发生坍塌危险时，应先进行支护或采取其他加固措施。

②建/构筑物如果在大火中燃烧了一定时间后，其结构强度将急剧下降。因此，在这种状况下进行人员营救，应听从指挥的安排。经过专家评估并采取一定措施后才能进入建/构筑物进行人员抢救。

③提高应急救护人员的安全意识和自我保护能力，不冒险

蛮干。

④备齐必要的应急救援物资，如车辆、吊车、担架、氧气袋、止血带、送风仪器等。

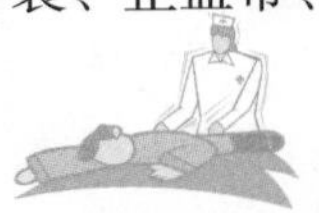

［血的教训］

内蒙古某公司厂房屋顶球形网架结构部分坍塌事故造成6人死亡，6人受伤。据有关资料报道，该公司厂房球形网架在没有自然和人为外力情况下突然坍塌，坍塌面积达900多平方米，伤亡人员主要是正在现场进行墙壁刷涂料的12名工人，其中在高空作业的10名工人分别被部分坍塌的球形网架从30米左右的高空打落在12米平台和地面上。

58. 车祸现场的急救措施有哪些?

车祸发生时，除了确保伤者安全外，必须联络“120”和报告交通部门，以防引发其他车祸。车祸时无论伤者受伤程度如何，均需送医就诊。

（1）向旁人请求支援

无法自行处理时，一定要向旁人求救。及时联络救护。另外无论多大的车祸都需要报警。确保伤者安全。原则上尽量不要移动伤者。但若出事地点太危险，则找人帮忙，小心地将伤者搬移至安全场所。防止引发其他车祸。利用三角板警示标志提醒后方来车。

（2）进行自检、自救与互救

一般来说，头部、胸部受伤或多处受伤者，出血多者及昏迷者，均列为重伤。对垂危病人及心跳停止者，需立即进行心脏按压及口对口人工呼吸。对意识丧失者用手帕、手指清除伤员口鼻中泥土、杂物、呕吐物及分泌物，紧急时可用口吸

出，以挽救病人生命。随后将伤员放置在侧卧位或俯卧位，以防窒息。对出血多者立即进行加压止血包扎，紧急时可用干净手帕、衬衣等将伤口紧紧压住、包扎。动脉出血不止时，如在四肢，可在伤口上方10厘米处扎止血带。如发现开放性气胸，对吮吸性伤口应进行严密封闭包扎。伴有呼吸困难的张力性气胸，有条件时可在第二肋骨与锁骨中线的交叉点行穿刺排气或放置引流管。对呼吸困难、缺氧并伴有胸廓损伤，胸壁浮动（呼吸反常运动者）应立即用衣物、棉垫等充填，并适当加压包扎，以限制其浮动。对骨折脱臼者要就地取材，用木棍、木板、竹片、布条等固定骨折肢体。

（3）车祸时可能引起各种伤害

最重要的是要沉着应对。首先要检查意识及呼吸、脉搏的有无。千万不要扭曲伤者身体，因为车祸时常伤及颈部骨头及神经，扭曲伤者身体更是致命的动作。除了检视意识、呼吸、脉搏外，更重要的是检查有没有大出血。血液自伤口大量喷出的动脉性出血或大量流出的静脉性出血，都可能造成生命危险。此时需尽快进行止血。要用干净的手帕压住伤口，利用直接压迫法来防止大出血。大出血时很容易引起休克，所以必须施行休克救护。若为意识清醒、未有大出血的轻伤，只要在救护车抵达前，依伤势进行救护即可。

（4）车祸时，无论伤势多么轻微，即使看来毫发无伤，也一定要接受医师诊治。车祸时若未接受医师仔细的诊治，可能引起令人意想不到的后遗症。到时不仅是受害者，对肇事者也可能带来金钱或精神上的损害。

第四章　建筑施工的意外伤害与应急处置

59. 建筑施工的特点与常见事故伤害有哪些?

建筑业是国民经济支柱产业之一。建筑业所生产的大批建筑产品为我国国民经济的发展奠定了重要的物质基础，同时带动了相关产业的蓬勃发展，成为经济繁荣的支撑点。然而，建筑业又是一个危险性高、易发生事故的行业，是安全生产专项治理的重点行业之一。

（1）建筑施工的特点

建筑施工（包括市政施工）属于事故发生率较高的行业，每年的事故死亡人数仅次于煤炭与交通行业。目前农民工已经成为建筑施工的主力军，因此也是各类意外伤害事故的主要受害群体。根据事故统计，在建筑施工伤亡人员中农民工约占60%，并且呈现不断上升的趋势。建筑业之所以成为高危险行业，主要与建筑施工特点有关。

（2）建筑施工中常见事故伤害

建筑施工中常见伤亡事故的类别是：物体打击、车辆伤害、机具伤害、起重伤害、触电、高处坠落、坍塌、中毒和窒息、火灾和爆炸以及其他伤害。

根据历年来伤亡事

故统计分类，建筑施工中最主要、最常见、死亡人数最多的事故有五类，即高处坠落、触电、物体打击、机械伤害、坍塌事故。这五类事故占建筑施工事故总数的86%左右，被人们称为建筑施工五大类伤亡事故。

60. 建筑施工伤亡事故的主要原因有哪些？

造成建筑施工伤亡事故的原因，有外部原因、内部原因、客观原因三个方面。

（1）外部原因

从事故的外部原因分析，目前建筑市场尚不规范，有些业主片面压工期、压价，拖欠工程款，给施工企业增加负担，从而造成施工企业安全生产上的投入资金严重不足；有些工程长官意志严重，部分工程不按科学合理工期施工，违背规律，随意确定竣工日期，使施工企业的安全管理无法按规章进行；有的业主随意肢解工程，总包单位没有对工程进行综合管理，施工现场杂乱无章。

（2）内部原因

一些施工企业在当前市场经济条件下，片面追求经济效益，减少安全设施上的必要投入；有的企业以包代管现象严重，一包了之，缺乏必要的管理；有的企业在改革改制中，削弱安全管理机构，减少安全管理人员，造成企业的安全生产管理力量不足，力度不够；有的企业不重视安全培训教育，缺乏对所聘用的人员最基本的安全教育，违章指挥、违章操作、违反劳动纪律的现象普遍存在。由此种种原因，造成建筑伤亡事故时有发生，给国家和人民生命财产造成损失，同时影响了社会稳定，影响了建筑业的社会形象。

（3）客观原因

除此之外，建筑施工伤亡事故多，还有其客观原因，这些客观原因主要是：①高处作业多。按照国家标准《高处作业分级》规定划分，建筑施工中有90%以上是高处作业。②露天作业多。一栋建筑物的露天作业约占整个工作量的70%，受到春、夏、秋、冬不同气候以及阳光、风、雨、冰雪、雷电等自然条件的影响和危害。③手工劳动及繁重体力劳动多。建筑业大多数工种至今仍是手工操作，由于手工操作容易使人疲劳、注意力分散、误操作多，所以容易导致事故的发生。④立体交叉作业多。建筑产品结构复杂、工期较紧，必须多单位、多工种互相配合、立体交叉施工。如果管理不好、衔接不当、防护不严，就有可能造成互相伤害。⑤临时员工多。目前，在工地第一线作业的工人中，农民工占50%～70%，有的工地甚至高达95%。

以上原因，决定了建筑工程的施工是一个危险性大、突发性强、容易发生伤亡事故的生产过程，因此，必须加强施工过程的安全管理，并严格按照安全技术措施的要求进行作业。

61. 建筑施工有哪些常见的高处坠落事故?

建筑施工常需要在高处作业，稍有不慎，容易引发高处坠落事故。高处坠落伤害是建筑业最常见事故之一。防范坠落伤害，除高空作业施工现场必须设置应有的防坠落设施外，还应该加强个人防坠落意识。

（1）临边、洞口处坠落

一是无防护设施或防护不规范。如防护栏杆的高度低于1.2米，横杆仅有一道等；在无外脚手架及尚未砌筑围护墙的楼面的边缘，防护栏杆柱无预埋件固定或固定不牢固。二是洞口防护不牢靠，洞口虽有盖板，但无防止盖板位移的措施。

（2）脚手架上坠落

主要是搭设不规范，如相邻的立杆（或大横杆）的接头在同一平面上，剪刀撑、连墙点任意设置等；架体外侧无防护网、架体内侧与建筑物之间的空隙无防护或防护不严；脚手板未满铺或铺设不严、不稳等。

（3）悬空高处作业时坠落

主要是在安装或拆除脚手架、井架（龙门架）、塔吊和在吊装屋架、梁板等高处作业时的作业人员，没有系安全带，也无其他防护设施或作业时用力过猛，身体失稳而坠落。

（4）在轻型屋里和顶棚上铺设管道、电线或检修作业中坠落主要是作业时没有使用轻便脚手架，在行走时误踩轻型屋面板、顶棚面而坠落。

（5）拆除作业时坠落

主要是作业时站在已不稳固的部位或作业时用力过猛，身体失稳，脚踩活动构件或绊跌而坠落。

（6）登高过程中坠落

主要是无登高梯道，随意攀爬脚手架、井架登高；登高斜道面板、梯档破损、踩断；登高斜道无防滑措施。

（7）在梯子上作业坠落

主要是梯子未放稳，人字梯两片未系好安全绳带；梯子在光滑的楼面上放置时，其梯脚无防滑措施，作业人员站在人字梯上移动位置而坠落。

62. 发生高处坠落事故后如何进行应急处置与救治？

高空坠落事故在建筑施工中属于常见多发事故。人从高处坠落所受到高速坠地的冲击力，会使人体组织和器官遭到一定程度破坏并引起损伤，通常为多个系统或多个器官的损伤，严重者当场死亡。高空坠落伤除有器官直接或间接受伤表现外，还有昏迷、呼吸窘迫、面色苍白和表情淡漠等症状，可导致胸、腹腔内脏组织器官发生广泛的损伤。高空坠落时如果是臂部先着地，外力沿脊柱传导到颅脑而致伤；如果由高处仰面跌下时，背或腰部受冲击，可引起腰椎前纵韧带撕裂，椎体裂开或椎弓根骨折，易引起脊髓损伤。脑干损伤时常有较重的意识障碍、光反射消失等症状，也可出现严重并发症。

当发生高处坠落事故后，抢救的重点应放在对休克、骨折和出血的处理上。

（1）颌面部伤员

首先应保持呼吸道畅通，摘除义齿，清除移位的组织碎片、血凝块、口腔分泌物等，同时松解伤员的颈、胸部纽扣。若舌已后坠或口腔内异物无法清除时，可用12号粗针头穿刺环甲膜，维持呼吸，尽可能早作气管切开。

（2）脊椎受伤者

创伤处用消毒的纱布或清洁布等覆盖伤口，用绷带或布条包扎。搬运时，将伤者平卧放在帆布担架或硬板上，以免受伤的脊椎移位、断裂造成截瘫，甚至导致死亡。抢救脊椎受伤者，搬运过程严禁只抬伤者的两肩与两腿或单肩背运。

（3）手足骨折者

不要盲目搬动伤者。应在骨折部位用夹板把受伤位置临时固定，使断端不再移位或刺伤肌肉、神经或血管。固定方法：以固定骨折处上下关节为原则，可就地取材，用木板、竹片等。

（4）复合伤者

要求平仰卧位，保持呼吸道畅通，解开衣领扣。

周围血管伤。压迫伤部以上动脉至骨骼。直接在伤口上放置厚敷料，绷带加压包扎以不出血和不影响肢体血循环为宜。

此外，需要注意的是，在搬运和转送过程中，颈部和躯干不能前屈或扭转，而应使脊柱伸直，绝对禁止一个抬肩、一个抬腿的搬法，以免发生或加重截瘫。

63. 施工中有哪些常见的触电意外伤害?

在建筑施工作业中，若对电使用不当，缺乏防触电知识和安全用电意识，极易引发人身触电伤亡和电气设备事故。

（1）外电线路触电事故

主要是指施工中碰触施工现场周边的架空线路而发生的触电事故。主要包括：①脚手架的外侧边缘与外电架空线之间没有达到规定的最小安全距离，也没有按规范要求增设屏障、遮栏、围栏或保护网，在外电线路难以停电的情况下，进行违章冒险施工。特别是在搭、拆钢管脚手架，或在高处绑扎钢筋、支搭模板等作业时发生此类事故较多。②起重机械在架空高压线下方作业时，吊塔大臂的最远端与架空高压电线间的距离小于规定的安全距离，作业时触碰裸线或集聚静电荷而造成触电事故。

（2）施工机械漏电造成事故

主要有：①建筑施工机械要在多个施工现场使用，不停地移动，环境条件较差（泥浆、锯屑污染等），带水作业多，如果保养不好，机械往往易漏电。②施工现场的临时用电工程没有按照规范要求做到“三级配电，两级保护”，有的工地虽然安装了漏电保护器，但选用保护器规格不当，违章使用大规格的漏电保护器，关键时刻起不到保护作用。有的工地没有采用TN—S保护系统，也有的工地迫于规范要求，但不熟悉技术，拉了五根线就算“三相五线”，工作零线（N）与保护零线（PE）混用，施工机具任意拉接，用电保护一片混乱。

（3）手持电动工具漏电

主要是不按照《施工现场临时用电规范》要求进行有效的漏电保护，使用者（特别是带水作业）没有戴绝缘手套、穿绝缘鞋。

（4）电线电缆的绝缘皮老化、破损及接线混乱造成漏电

有些施工现场的电线、电缆“随地拖、一把抓、到处挂”，乱拉、乱接线路，接线头不用绝缘胶布包扎；露天作业电气开关放在木板上不用电箱，特别是移动电箱无门，任意随地放置；电箱的进、出线任意走向，接线处“带电体裸露”，不用接线端子板，“一闸多机”，多根导线接头任意绞、挂在漏电开关或熔丝上；移动机具在插座接线时不用插头，使用小木条将电线头插入插座等。这些现象造成的触电事故是较普遍的。

（5）照明及违章用电

使用移动照明，特别是在潮湿环境中作业，其照明不使用安全电压，使用灯泡烘衣、袜等违章用电时造成的事故。

64. 建筑施工中有哪些常见的物体打击意外伤害？

物体打击是指失控物体的惯性力对人身造成的伤害，其中包括高处落物、滚击物及掉物、倒物等造成伤害。在建筑施

工中物体打击伤害事故涵盖范围较广，在高位的物体处置不当，容易出现物落伤人的情况。这类事故，往往问题发生在上边，受害的人则在下面，多数都属于作业中引发伤害他人造成的事故。

建筑施工中常见的物体打击情况有：

（1）高处落物伤害

在高处堆放材料超高、堆放不稳，造成散落，作业人员在作业时将断砖、废料等随手往地面扔掷；拆脚手架、井架时，拆下的构件、扣件不通过垂直运输设备往地面运，而是随拆随往下扔；在同一垂直面、立体交叉作业时，上、下层间没有设置安全隔离层；起重吊装时材料散落（如砖吊运时未用砖笼，吊运钢筋、钢管时，吊点不正确，捆绑松动等），造成落物伤害事故。

（2）飞蹦物击伤害

爆破作业时安全覆盖、防护等措施不周；工地调直钢筋时没有可靠防护措施。比如，使用卷扬机拉直钢筋时，夹具脱落或钢筋拉断，钢筋反弹击伤人；使用有柄工具时没有认真检查，作业时手柄断裂，工具头飞出击伤人等。

（3）滚物伤害

主要是在基坑边堆物不符合要求，如砖、石、钢管等滚落到基坑、桩洞内造成基坑、桩洞内的作业人员受到伤害。

（4）从物料堆上取物料时，物料散落、倒塌造成伤害

物料堆放不符合安全要求，取料者图方

便不注意安全。比如，自卸汽车运砖时，不码砖堆，取砖工人顺手抽取，往往使上面的砖落下造成伤害；长杆件材料竖直堆放，受震动倒下砸伤人；抬放物品时抬杆断裂等造成物击、砸伤事故。

65. 建筑施工中物体打击事故后如何进行应急救治?

建筑施工中，为了做好物体打击事故发生后的应急处置，应在事前制订应急预案，建立健全应急预案组织机构，做好人员分工，在事故发生的时候做好应急抢救，如现场包扎、止血等措施，防止伤者流血过多造成死亡。还需要注意的是，日常应备有应急物资，如简易担架、跌打损伤药品、纱布等。

发生物体打击事故后，在应急处置中要注意：

一旦有事故发生，首先要高声呼喊，通知现场安全员，马上拨打急救电话，并向上级领导及有关部门汇报。

当发生物体打击事故后，尽可能不要移动伤者，尽量当场施救。抢救的重点应放在处理颅脑损伤、胸部骨折和出血上。

发生物体打击事故后，应马上组织抢救伤者，首先观察伤者的受伤情况、部位、伤害性质，如伤员发生休克，应先处理休克。遇呼吸、心跳停止者，应立即进行人工呼吸、胸外心脏按压。处于休克状态的伤员要让其安静、保暖、平卧、少动，并将下肢抬高约20°，尽快送医院进行抢救治疗。

如果出现颅脑损伤，必须维持呼吸道通畅，昏迷者应平卧，面部转向一侧，以防舌根下坠或分泌物、呕吐物吸入，发生喉阻塞。有骨折者，应初步固定后再搬运。遇有凹陷骨折、严重的颅底骨折及严重的脑损伤症状出现，创伤处用消毒的纱布或清洁布等覆盖伤口，用绷带或布条包扎后，及时就近送有

条件的医院治疗。

重伤人员应马上送往医院救治，一般伤员在等待救护车的过程中，门卫要在大门口迎接救护车，按预定程序处理事故，最大限度地减少人员和财产损失。

如果处在不宜施工的场所时必须将患者搬运到能够安全施救的地方，搬运时应尽量多找一些人来搬运，观察伤者呼吸和脸色的变化，如果是脊柱骨折，不要弯曲、扭动伤者的颈部和身体，不要接触伤者的伤口，要使伤者身体放松，尽量将伤者放到担架或平板上进行搬运。

66. 施工机械意外伤害的主要原因有哪些?

施工机械伤害是指机械设备与工具引起的绞、辗、碰、割、戳、切等对人体的伤害。主要伤害形式有：工件或刀具飞出伤人；切屑伤人；手或身体其他部位卷入；手或其他部位被刀具碰伤；被设备的转动机构缠住造成的伤害等。在建筑施工中最为常见的施工机械伤害是搅拌机伤害以及刨木机伤害，搅拌机伤害往往可以致死，刨木机伤害通常会造成人员的重伤或轻伤。根据统计，机械伤害事故的原因中，人的不安全行为导致的事故占机械伤害事故总数的55%以上，机械的不安全状态导致的事故约占伤害总数的45%。

造成施工机械意外伤害的主要原因有：

（1）违章指挥

施工指挥者指派了未经安全知识和技能培训合格的人员从事机械操作；为赶进度不执行机械保养制度和定机定人责任制度，指挥“歇人不停机”；使用报废机械。

（2）违章作业

操作人员为图方便，有章不循，违章作业。比如，混凝土搅拌机加料时，不挂保险链；擅自拆除砂浆机加料防护栏；木工平刨机无护指安全装置；起重机械拆除力矩限制器后使用；机械运转中进行擦洗、修理；非机械工擅自启动机械操作。

（3）不使用和不正确使用个人劳动保护用品

如戴手套进行车床等旋转机械作业，钢筋焊接作业时穿化纤服装等。

（4）没有安全防护和保险装置或装置不符合要求

如机械外露的转（传）动部位（如齿轮、传送带等）没有安全防护罩；圆盘锯无防护罩、无分料器、无防护挡板；塔吊的限位、保险不齐全或虽有却失效。

（5）机械不安全状态

如机械带病作业，机械超负荷使用，使用不合格机械或报废机械。

67. 施工机械意外伤害后应怎样进行应急处置？

发生施工机械意外伤害事故后，急救步骤为：首先要分离产生伤害的物体，使伤员呼吸道畅通，止住出血和防止休克；其次是处理骨折；最后才处理一般伤口。

如果伤员一次出血量达全身血量的1/3以上时，生命就有危险。因此，及时止血是非常重要的。可用现场物品如毛巾、纱布、工作服等立即采取止血措施，如果创伤部位有异物且不在重要器官附近，可以拔出异物，处理好伤口，如无把握就不要随便将异物拔掉，应由医生来检查、处理，以免伤及内脏及较大血管，造成大出血。

68. 施工坍塌意外伤害的主要原因有哪些？

坍塌是指建筑物、构筑物、堆置物倒塌以及土石塌方引

起的事故。在建筑业中经常会遇到坍塌伤害，例如接层工程坍塌、纠偏工程坍塌、交付使用工程坍塌、在建整体工程坍塌、改建工程坍塌、在建工程局部坍塌、脚手架坍塌、平台坍塌、墙体坍塌、土石方作业坍塌、拆除工程坍塌等。

由于坍塌的过程发生于一瞬间，来势凶猛，现场人员往往难以及时撤离，不能撤离的人员，会随着坍塌物体的变动而引发坠落、物体打击、挤压、掩埋、窒息等严重后果。如果现场有危险物品存在，还可能引发着火、爆炸、中毒、环境污染等灾害。抢救过程中，如缺乏应有的防护措施，还易出现再次、多次坍塌，增加人员伤亡，容易发生群死群伤事故。近年来，随着高层、超高层建筑物的增多，基坑的深度越来越深，坍塌事故也呈现出上升趋势。

造成坍塌伤害事故的主要原因有：

（1）基坑、基槽开挖及人工扩孔桩施工过程中的土方坍塌

坑槽开挖没有按规定放坡，基坑支护没有经过设计或施工时没有按设计要求支护；支护材料质量差导致支护变形、断裂；边坡顶部荷载大（如在基坑边沿堆土、砖石等，土方机械在边沿处停靠）；排水措施不通畅，造成坡面受水浸泡产生滑动而塌方；冬春之交破土时，没有针对土体胀缩因素采取护坡措施。

（2）楼板、梁等结构和雨篷等坍塌

工程结构施工时，在楼板上面堆放物料过多，使荷载超过楼板的设计承载力而断裂；刚浇筑不久的钢筋混凝土楼板未达到应有的强度，为赶进度即在该楼板上面支搭模板浇筑上层钢筋混凝土楼板造成坍塌；过早拆除钢筋混凝土楼板、梁构件和雨篷等的模板或支撑，因混凝土强度不够而造成坍塌。

（3）房屋拆除坍塌

随着城市建设的迅速发展，拆除工程增多，然而，专业队

伍力量薄弱，管理尚不到位，拆除作业人员素质低，拆除工程不编制施工方案和技术措施，盲目蛮干，野蛮施工，都易造成墙体、楼板等坍塌。

（4）模板坍塌

是指用扣件式钢管脚手架、各种木杆件或竹材搭设的高层建筑楼板的模板，因支撑杆件刚性不够、强度低，在浇筑混凝土时失稳造成模板上的钢筋和混凝土的塌落事故。模板支撑失稳的主要原因是没有进行设计计算，也不编制施工方案，施工前也未进行安全交底。特别是混凝土输送管路，往往附着在模板上，输送混凝土时产生的冲击和振动更加速了支撑的失稳。

（5）脚手架倒塌

主要是没有认真按规定编制施工方案，没有执行安全技术措施和验收制度。架子工属特种作业人员，必须持证上岗。但目前，架子工普遍文化水平低，安全技术素质不高，专业性施工队伍少。竹脚手架所用的竹材有效直径普遍达不到要求，搭设不规范，特别是相邻杆件接头、剪刀撑、连墙点的设置不符合安全要求，易造成脚手架失稳倒塌。

（6）塔吊倾翻、井字架（龙门架）倒塌

主要是塔吊起重钢丝或平衡臂钢丝绳断裂致使塔吊倾翻，因轨道沉陷及下班时夹轨钳未夹紧轨道，夜间突起大风造成塔吊出轨倾翻。塔吊倒塌的另一个原因是，在安装拆除时，没有制定施工方

案，不向作业人员交底。井架、龙门架倒塌主要原因是，基础不稳固，稳定架体的缆风绳，或搭、拆架体时的临时缆风绳不使用钢丝绳，甚至使用尼龙绳。附墙架使用竹、木杆并采用铅丝等绑扎，井架与脚手架连在一起等。

69. 发生施工坍塌事故后如何进行应急处置?

建筑施工中发生坍塌事故后，人们一时难以从倒塌的惊吓中恢复过来，被埋压的人众多、现场混乱失去控制、火灾和二次倒塌危险处处存在，均会给现场的抢险救援工作带来极大的困难。同时，由于事故的发生，可能造成建筑内部燃气、供电等设施毁坏，导致火灾的发生，尤其是化工装置等构筑物倒塌事故，极易形成连锁反应，引发有毒气（液）体泄漏和爆炸燃烧事故。并且建筑物整体坍塌的现场，废墟堆内建筑构件纵横交错，将遇险人员深深地埋压在废墟里面，给人员救助和现场清理带来极大的困难；建筑物局部坍塌的现场，虽然遇险人员数量较少，但楼内通道的破损和建筑结构的松垮，也会对灭火救援工作的顺利进行造成一定的困难。

建筑施工发生坍塌事故之后，在应急处置上需要注意：

（1）摸清情况，及时报告

应及时了解和掌握现场的整体情况，并向上级领导报告。同时，根据现场实际情况，拟定倒塌救援实施方案，在现场实行统一指挥和管理。

（2）设立警戒，疏散人员

倒塌发生后，应及时划定警戒区域，设置警戒线，封锁事故路段的交通，隔离围观群众，严禁无关车辆及人员进入事故现场。

（3）迅速开展侦查

派遣搜救小组进行搜救，对如下几个重要问题进行询问和侦查：①倒塌部位和范围，可能涉及的受害人数。②可能受害人或现场失踪人所处位置。③受害人存活的可能性。④展开现场施救需要的人力和物力方面的帮助。⑤倒塌现场的火情状况。⑥现场二次倒塌的危险性。⑦现场可能存在的爆炸危险性。⑧现场施救过程中其他方面潜在的危险性。

（4）切断气、电和自来水源，并控制火灾或爆炸

建筑物倒塌现场到处可能缠绕着拉断的带电电线电缆，随时威胁着被埋压人员和施救人员的安全；断裂的燃气管道泄漏的气体既会形成爆炸性气体混合物，又会增强现场火灾的火势；从断裂的供水管道流出的水能很快将地下室或现场低洼的坍塌空间淹没。因此，要责令当地的供电、供气、供水部分的检修人员立即赶赴现场，通过关断现场附近的局部总阀或开关消除危险。

（5）现场清障，开辟进出通道

迅速清理进入现场的通道，在现场附近开辟救援人员和车辆集聚空地，确保现场拥有一个急救场所和一条供救援车辆进出的通道。

（6）搜寻倒塌废墟内部空隙存活者

完成对在倒塌废墟表面受害人的救援后，应立即实施倒塌废墟内部受害人的搜寻，因为有火灾的倒塌现场，烟火同样会很快蔓延到各个生存空间。搜寻人员最好要携带一支水枪，以便及时驱烟和灭火。

（7）清除局部倒塌物，实施局部挖掘救人

现场废墟上的倒塌物清除可能触动那些承重的不稳定构件引起现场的二次倒塌，使被压埋人再次受伤，因此清理局部倒塌物之前，要制定初步的方案，行动要极其细致谨慎，要尽可能地选派有经验或受过专门训练的人员承担此项工作。

（8）倒塌废墟的全面清理

在确定倒塌现场再无被埋压的生存者后，才允许进行倒塌废墟的全面清理工作。

70. 施工坍塌事故抢救行动应注意哪些事项?

面对施工坍塌事故，在抢救行动中需要注意以下事项：

调派救援力量及装备要一次性到位，及时要求公安、医疗救护等部门到场协助救援。成立现场救援指挥部，实施统一指挥，严密制定救助方案，相关部门各司其职，做好协同作战。

当伴随有火灾发生时，救人、灭火应同时进行。

在现场快速开辟出一块空阔地和进出通道，确保现场拥有一个急救平台和一条供救援车辆进出的通道。

救援人员要注意自身的行动安全，不应进入建筑结构已经明显松动的建筑内部；不得登上已受力不均匀的阳台、楼板、房屋等部位；不准冒险钻入非稳固支撑的建筑废墟下面。实施倒塌现场的监护，严防倒塌事故的再次发生。

为尽可能抢救遇险人员的生命，抢救行动应本着先易后难，先救人后救物，先伤员后尸体，先重伤员后轻伤员的原则进行。救援初期，不得直接使用大型铲车、吊车、推土机等施工机械车辆清除现场。对身处险境、精神几乎崩溃、情绪显露恐惧者，要鼓励、劝导和抚慰，增强其生存的信心。在切割被救者上面的构件时，要防止火花飞溅伤人，减轻震动伤痛。对于一时难以抢救出来的人员，视情喂水、供氧、清洗、撑顶等，以减轻被救者的痛苦，改善险恶环境，提高其生存概率。

对于可能存在毒气泄漏的现场，救援人员必须佩戴空气呼吸器、防化服；使用切割装备破拆时，必须确认现场无易燃、易爆物品。

第五章　煤矿生产意外伤害与应急处置

71. 我国煤矿生产与作业环境有哪些特点?

煤炭是我国重要的基础能源和工业原料。近年来，在我国总的能源消费结构中，煤炭约占2/3，其余为石油、天然气及电力。煤矿大体分为两类，一类是露天煤矿，另一类是井工煤矿（即地下煤矿）。我国煤矿大多属于地下开采的井工煤矿，开采时危险性较高，其产量约占煤矿总产量的97%。

（1）煤矿井下的作业环境

煤矿井下作业工作场所潮湿、阴暗而且狭窄，开采技术复杂，生产环节较多，受水、火、瓦斯、煤尘、顶板等多种灾害的威胁，不安全因素多。并且由于煤层赋存不稳定，地质构造复杂多样，可伴随产生各种各样的地质灾害，例如具有煤尘爆炸危险的矿井、自然发火危险的矿井、水害危险的矿井等，某些矿井还有冲击地压、岩爆、矿震和高温危害。

煤矿井下的作业环境比地面机械生产车间等场所的工作环境要艰苦得多，特别是地方小煤矿尤为突出。具体表现为：劳动强度大，一般矿井采掘工纯工作8 小时，在井下就需10小时左右；没有阳光照射；上下、前后、左右无时无刻不受到安全威胁，还有矿尘、煤尘、炮烟等存在；呼吸新鲜空气需要通风解决；井下的温度、湿度、空气质量等条件恶劣等。

另外，井下作业危险系数也较高。首先是生产工艺复杂，采煤、掘进、机电、运输、通风、排水等任何一个工种、任何一道工序、任何一个系统和环节出了问题都可能酿成事故。二是瓦斯、煤尘爆炸，水、火灾害和大冒顶事故破坏性很大，严重的可导致矿毁人亡。三是机电操作、运输环节、施工材料等也时常发生事故，或产生职业危害。如机械设备运转产生的噪声以局部通风机和风动凿岩机等尤为突出；施工中所用材料，水泥和锚固剂等对人体的腐蚀和毒害；以及井下的泥水环境等，每时每刻都对人产生着伤害。

（2）煤矿农民工的特点

最近几年，农村劳动力大量转移，进入矿山、建筑等高风险、重体力劳动行业和领域。全国550万名煤矿职工中，农民工约占半数，主要在井下一线工作。小煤矿从业人员几乎全部为农民工。因此，农民工的安全理念、操作技能，抵御各种灾害的能力直接影响着煤矿企业的安全、效益和发展。

据统计，在农民工中，文盲与半文盲占7%，有小学文化的占29%，有高中以上文化程度的仅占13%。许多农民工是农闲进城打工，处于刚放下锄头即下井作业的粗放劳动型，从事某项工作具有很大的随机性和流动性，不能全面掌握某项工作的专业知识。即使参加企业业余时间为农民工举办的安全、技术培训，也是似懂非懂，不知所云，技术水平很难提高，为其作业安全和人身安全埋下了隐患。正是因为技术水平不高，技术操作掌握不够熟练，许多事故的发生，往往是由于农民工自身的“三违”（即违章指挥、违章操作、违反劳动纪律）造成的。一旦发生事故，农民工常常既是事故的受害者，又是事

故的肇事者。

72. 发生煤矿事故应如何报告?

煤矿企业发生伤亡事故后，现场人员要立即将情况报告企业负责人或有关主管人员。煤矿负责人或有关主管人员接到事故信息后，必须向当地人民政府、煤炭管理部门和当地煤矿安全监察办事处（站）报告，并在24 小时内写出事故快报报上述部门。

事故快报应当包括以下内容：矿井基本情况；事故发生的时间、地点、单位、伤亡人数、直接经济损失初步估计；事故简要经过；事故发生原因的初步判断；事故发生后采取的措施及事故控制情况。

73. 煤矿瓦斯的性质和特点有哪些?

瓦斯学名甲烷，化学分子式是CH_4。矿井瓦斯是伴随煤炭生成的一种气体，其总量的80%～90%吸附在煤层里。但是在断层、孔洞和砂岩内，主要为游离瓦斯。如果瓦斯的压力较高，采掘工作接近这些地点时，瓦斯在压力的作用下就可能突然大量涌出，造成事故。

瓦斯是一种无色、无味、无嗅的气体，人体感官很难鉴别空气中是否有瓦斯存在，必须要使用专门的检测仪器。此外，瓦斯比空气轻，易在高处积存。

瓦斯难溶于水，如果煤层中有较大的含水裂隙或地下水通过时，经过漫长的地质年代，就能从煤层中带走大量瓦斯，降低煤层中的瓦斯含量。

瓦斯的扩散能力很强。瓦斯从某一地点向外涌出后，能很快在巷道中扩散。又由于分子直径很小，瓦斯具有很强的渗

透能力，已封闭的采空区内的瓦斯仍能不断地渗透到矿井内空气中。

瓦斯无毒，但不能供人呼吸，当空气中的瓦斯浓度较高时会相对降低空气中的氧含量，从而造成人的窒息。同时，矿井瓦斯中含有的乙烷和丙烷还有轻微的麻醉性，在矿井通风不良或不通风的煤巷中，往往积存大量的瓦斯，人如果进入到这些地点，能很快昏迷、窒息，甚至死亡。

瓦斯具有燃烧性和爆炸性。瓦斯与空气混合达到一定浓度后遇火能燃烧或爆炸。

瓦斯引燃有延迟性。因瓦斯的热容量较大，当与高温火源接触时不会立刻发生燃烧，而是要经过一段时间才能发生燃烧。这种现象就叫瓦斯点燃的延迟性，间隔的这段时间为瓦斯爆炸感应期。感应期的长短与瓦斯浓度、火源温度和火源性质等有关。

74. 防止瓦斯爆炸的主要措施有哪些？

防止瓦斯爆炸的技术措施很多，主要有以下三个方面：防止瓦斯积聚，防止瓦斯被引燃，防止瓦斯爆炸事故的扩大。根本措施还是防止瓦斯积聚和防止瓦斯被引燃。

（1）防止瓦斯积聚

加强通风是防止瓦斯积聚的根本措施；及时处理局部积存瓦斯；在矿井瓦斯涌出量很大、一般的技术措施效果不佳的情况下，可采用抽放瓦斯的方法；对

于井下易于积聚瓦斯的地方，要经常检查其浓度，发现瓦斯超限要及时处理。

（2）防止瓦斯燃烧

禁止携带烟草及点火工具下井。井下禁止使用电炉，井下和井口房内不准从事电焊、气焊和使用喷灯接焊等工作。如果必须使用，则须制定安全措施，并报上级批准。在瓦斯矿井应选用矿用安全型、矿用防爆型或矿用安全火花型电气设备。在使用中应保持良好的防爆、防火花性能。电缆接头不准有“羊尾巴、鸡爪子、明接头”。停电停风时，要通知瓦斯检查人员检查瓦斯浓度，恢复送电时，要经过瓦斯检查人员检查后，才准许恢复送电工作。严格执行“一炮三检”制度。

75. 煤矿瓦斯爆炸应怎样进行应急处置?

煤矿井下一旦发生瓦斯爆炸事故，现场班队长、跟班干部要立即组织人员正确佩戴好自救器，引领人员按避灾路线到达最近新鲜风流中，第一时间向矿调度室报告事故地点、现场灾难情况，同时向所在单位值班员报告。

安全撤离时要正确佩戴好自救器，快速撤离，不要慌乱，尽量低行。

如因灾难破坏了巷道中的避灾路线指示牌、迷失了行进的方向，撤退人员应朝着有风流通过的巷道方向撤退。在撤退沿途和所经过的巷道交叉口，应留设指示行进方向的明显标志，以提示救援人员注意。

在撤退途中听到爆炸声或感觉到有空气震动冲击波时，应立即背向声音和气浪传来的方向，脸向下迅速卧倒，双手置于身体下面，闭上眼睛，头部要尽量放低。最好躲在水沟边上或坚固的掩体后面，用衣服遮盖身体的裸露部分，以防火焰和高温气体灼伤皮肤。

在唯一的出口被封堵无法撤退时，应有组织地进行灾区避灾，等待救援人员的营救。

在瓦斯爆炸事故中，永久避难硐室是遇险人员无法撤出或一时难以撤出灾区时，供遇险人员暂时避难待救的场所。永久避难硐室在瓦斯爆炸时能够起到较好的避灾效果，但由于空间比较狭小，容纳人员有限，且随着工作面的不断向前推进，避难硐室距离工作面也越来越远，因此，遇险人员在碰到瓦斯爆炸事故时很难及时到达避难硐室。

发生瓦斯爆炸事故后，遇险人员一时难以沿着避灾路线撤出灾区或难以迅速到达避难硐室时，应立即佩戴自救器，到附近的、掘进长度较长的、有压风管路且瓦斯爆炸前正常通风但事故时断电停风的掘进独头巷道内避灾，等待矿山救护队救援。

进入避难硐室前，应在硐室外留设文字、衣物、矿灯等明显标志，以便于救援人员实施救援。进入硐室后，开启压风自救系统，可有规律地间断地敲击金属物、顶帮岩石，发出呼救联络信号，以引起救援人员的注意，指示避难人员所在的位置。

76. 处置瓦斯爆炸事故有哪些注意事项?

遇险人员要知道，佩戴自救器呼吸时会感到稍有些烫嘴，这是正常现象，不得取下口具和鼻夹，以防中毒。

救援队员救援时必须佩戴呼吸器，必须侦查灾区有无火源，避免再次引发爆炸。

救援队员进入灾区探险或救人时要时刻检查氧气消耗量，保证有足够的氧气返回。

抢险救援期间不得停止井下压风，以保证灾区人员呼吸。

掘进工作面发生爆炸或火灾时，正在运转的局部通风机不可随意停止，已停运的局部通风机不得随意启动。

77. 煤矿火灾事故有哪些类型?

煤矿井下为封闭空间，火灾产生的有毒有害气体会随风流扩散，扩大灾害范围。同时，井下空间狭窄，给灭火带来极大困难。因此，矿井火灾是煤矿重大灾害之一。矿井火灾按照发火原因的不同可分为内因火灾和外因火灾。

（1）内因火灾

内因火灾是由于煤炭自燃引起的火灾。煤炭之所以能发生自燃，是因为煤炭具有吸收氧气的能力。当煤炭被破碎后或煤层本身裂隙发育时，煤体表面积大大增加。在此情况下，空气中的氧会与之发生氧化反应并放出一定的热量。如果氧化生成的热量不能及时被冷却，又会加速煤炭的氧化，放出更多的热量。这样恶性循环下去，一旦煤体温度达到其燃烧点，煤炭就会发生自燃。

内因火灾一般发火地点比较隐蔽，不易发现，灭火困难。从以往经验看，煤炭自燃一般经常发生在有大量遗煤而未及时封闭或封闭不严的采空区内，以及废弃的联络巷和停采线处；巷道两侧和遗留在采空区内受压破坏的煤柱；巷道内堆积的浮煤或煤巷的冒顶、垮帮等处。

（2）外因火灾

外因火灾是由外来火源引起的火灾。造成外因火灾的主要原因有：①由明火引起的矿井火灾，如井下吸烟、井下使用电（气）焊、井下使用电炉和大灯泡取暖等引起易燃物着火。②电气故障引起矿井火灾，如电流短路产生的弧光、电火花、

电缆放炮、设备过载运行导致设备发热等引起的火灾。③井下违章爆破引起矿井火灾，如使用变质炸药，井下放糊炮、放明炮和明火放炮，以及井下爆破不使用水炮泥、炮眼封泥量不足等都会引起火灾。④瓦斯煤尘爆炸产生的高温也会引起矿井火灾。⑤撞击火花、摩擦生热等也会引起矿井火灾。

外因火灾的特点是发生突然，来势凶猛，且发生的时间与地点往往出乎人们的意料，会使人们惊慌失措而酿成恶性事故。同时，煤炭燃烧会产生一氧化碳、二氧化碳、二氧化硫、烟尘等有毒有害气体；井下坑木、橡胶类物品、聚氯乙烯制品等燃烧时，也会产生一氧化碳气体，以及醇类、醛类和其他一些复杂的有机化合物等有毒有害气体。这些气体会随风流在井下扩散，有时会波及很大的范围甚至全矿井，造成大量人员中毒伤亡。据国内外资料统计，在矿井火灾事故中95%以上的遇难人员是死于有毒气体中毒。

煤矿火灾易引起瓦斯、煤尘的爆炸。火灾引起瓦斯、煤尘的爆炸的原因，一是火灾为瓦斯、煤尘爆炸提供了引爆火源。二是由于火灾的作用，一些燃烧物在干馏的作用下，会释放出一些可燃性和可爆性气体，增加了爆炸的危险性。所以，矿井火灾与瓦斯、煤尘爆炸，互为作用，互相转化。

在由明火引起的矿井火灾中，最需要注意的就是井下吸烟。抽烟本来是人们日常生活中极为平常的小事，但如果在矿井下抽烟，就有可能是引发事故的大事。如果矿井内瓦斯积

聚过量，抽烟就会引起瓦斯燃烧爆炸，不仅会伤害自己，也会伤害到他人。井下吸烟导致瓦斯爆炸的事故案例很多，教训深刻。

78. 发生煤矿井下火灾后如何进行应急处置?

在煤矿井下，无论任何人发现了烟雾或明火，确认发生了火灾，要立即报告调度室。火灾初起时是灭火的最佳时机，如果火势不大，应立即进行直接灭火，切不可惊慌失措，四处奔跑。

灭火时要有充足的水量，从火源外围逐渐向火源中心喷射水流；要保持正常通风，并要有畅通的回风通道，以便及时将高温气体和蒸汽排除；用水灭电气设备火灾时，首先要切断电源；不宜用水扑灭油类火灾；灭火人员不准在火源的回风侧，以免烟气伤人。

如果火势较大无法扑灭，或者其他地区发生火灾接到撤退命令时，要组织避灾和进行自救。此时要迅速戴好自救器，有组织地撤退。处在火源上风侧的人员，应逆着风流撤退。处在火源下风侧的人员，如果火势小，越过火源没有危险时，可迅速穿过火区到火源上风侧；或顺风撤退，但必须找到捷径，尽快进入新鲜风流中撤退。撤退时应迅速果断，忙而不乱，同时要随时注意观察巷道和风流的变化情况，谨防火风压可能造成的风流逆转。

如果巷道已有烟雾但不大时，要戴好自救器（无自救器或自救器已超过有效使用时间时，应用湿毛巾捂住口、鼻），尽量躬身弯腰，低头快速前进；烟雾大时，应贴着巷道底和巷道壁，摸着铁道或管道快速爬出，迅速撤离。一般情况下不要逆着烟流方向撤退。在有烟且视线不清的情况下，应摸着巷

道壁、支架、管道或铁道前进，以免错过通往新风流的连通出口。

在高温浓烟巷道中撤退时，应将衣服、毛巾打湿或向身上淋水进行降温，利用随身物品遮挡头面部，防止高温烟气刺激等。万一无法撤离灾区时，应迅速进入避难硐室，或者就近找一个硐室或其他较安全地点进行避灾自救，等待救援。

如因灾害破坏了巷道中的避灾路线指示牌、迷失了行进的方向时，撤退人员应朝着有风流通过的巷道方向撤退。在撤退沿途和所经过的巷道交叉口，应留设指示行进方向的明显标志，以提示救援人员的注意。

在唯一的出口被封堵无法撤退时，应在现场管理人员或有经验的老工人的带领下进行灾区避灾，以等待救援人员的营救。进入避难室前，应在硐室外留设文字、衣物、矿灯等明显标志，以便于救援人员及时发现，前往营救。入硐室后，开启压风自救系统，可采取有规律地敲击金属物、顶帮岩石等方法，发出呼救联络信号，以引起救援人员的注意，指示避难人员所在的位置。积极开展互救，及时处理受伤和窒息人员。

79. 煤矿火灾事故后怎样进行现场救护?

煤矿进风井口、井筒、井底车场、主要进风道和硐室发生火灾时，为抢救井下人员，应反风或风流短路。反风前，必须将原进风侧的人员撤出，并采取阻止火灾蔓延的措施。采取风流短路措施时，必须将受影响区域内的人员全部撤离。多台主要通风机联合通风的矿井反风时，抽出式矿井要保证非事故区域的主要通风机先反风，事故区域的主要通风机后反风。压入式矿井正好相反。瓦斯矿井应采取正常通风，如必须反风或风流短路时，指挥部应分析反风或风流短路后风流中瓦斯的变化情况，防止引起瓦斯爆炸。

进风的下山巷道着火时，必须采取防止火风压造成风流紊乱和风流逆转的措施。改变通风系统和通风方式时，必须有利于控制火风压。灭火中只有在不致使瓦斯很快积聚到爆炸危险浓度，且能使人员迅速退出危险区时，才能采取停止通风的方法。

用水或注浆的方法灭火时，应将回风侧人员撤出。向火源大量灌水或从上部灌浆时，严禁靠近火源地点作业。用水快速淹没火区时，密闭附近不得有人。

为使遇险人员能够在火灾紧急条件下迅速脱离危险，煤矿企业都须作好以下准备：编制井下各工作点火灾逃生路线图，并组织井下职工学习井下火灾逃生路线和方案；井下工作人员必须携带自救器，并掌握其佩戴方法；井下每隔一定距离配备一定的突发性火灾灭火设备、通风和通信联络装备；调度室工作人员应掌握火灾应急逃生、救灾知识，以便接到火灾求助电话时能在第一时间向遇险人员提供正确的逃生方案指导。

80. 煤矿透水事故的主要原因是什么？

矿井水害是煤矿生产中发生较为频繁的重大灾害事故。特别是近几年来，我国煤矿透水事故有增无减，严重威胁着广大矿工的生命安全。

造成矿井透水的主要水源为地表水、地下含水层、老空水、断层导水、岩溶陷落柱水等。矿井发生水灾事故的原因，归纳起来主要有三个方面：一是自然因素，二是技术原因，三是人为因素。

（1）自然因素

我国大多数煤矿水文地质条件极为复杂，可预见的与不可

预见的水文地质构造较多。特别是我国石炭纪地质年代生成的煤田，其煤系地层的底部是奥陶纪充水石灰岩，它厚度大（800米左右）、含水丰富、压力高，一旦发生透水，必造成恶性事故。另外，我国煤炭开采历史悠久，煤田中古窑、小井星罗棋布，且又无史料记载，现代勘察难以掌握其准确位置，煤矿生产中一旦打通它们，很可能会造成事故。

（2）技术原因

我国煤矿开采起源较早，但真正的发展还是新中国成立以后，特别是改革开放以后，我国的煤矿开采才得到了迅速发展。不能不看到，我国煤矿整体技术水平并不高，甚至还很低。特别是一些乡镇煤矿现仍在使用原始的开采方法生产，不仅生产落后，安全也无保证。在矿井防治水上无技术可言，甚至连基本的防治手段都不具备，不懂什么叫超前预防，只会“兵来将挡，水来土掩”，遇到复杂情况则更难以应对。

（3）人为因素

人的行为是导致矿井发生水害的重要原因之一。其原因是：人们对水害的认识程度不够；业务人员技术水平不高；经营者只顾眼前利益，乱采乱掘，忽视安全，防治水投资不足；从业人员以及管理人员不懂水害规律，不知透水预兆，有的即便发现了透水预兆，但存有侥幸心理，冒险作业等，这些都是造成矿井水灾事故的原因。

81. 发生煤矿透水事故后如何进行应急处置？

井下一旦发生透水事故，应以最快的速度通知附近地区工作人员一起按照规定的避灾路线撤出。现场班队长、跟班干部要立即组织人员按避水路线安全撤离到新鲜风流中。撤离前，应设法将撤退的行动路线和目的地告知调度室，到达目的地后再报调度室。

要特别注意“人往高处走”，切不可进入低于透水点附近下方的独头巷道。由于透水时，来势很猛，冲力很大，现场人员应立即避开出水口和泄水流，躲避到硐室内、巷道拐弯处或其他安全地点。如果情况紧急，来不及躲避时，可抓牢棚梁、棚腿或其他固定物，防止被水打倒或冲走。在存在有毒、有害气体危害的情况下，一定要佩戴自救器。

人员撤出透水区域后，应立即将防水闸门紧紧关死，以隔断水流。在撤退行进中，应靠巷道一侧，抓牢支架或其他固定物，尽量避开压力水头和泄水主流，要防止被流动的矸石、木料撞伤。如巷道中照明和路标被破坏，迷失了前进方向，应朝有风流的上山方向撤退。在撤退沿途和所经过的巷道交叉口，应留设指示行进方向的明显标志。从立井梯子向上爬时，应有序进行，手要抓牢，脚要蹬稳。撤退中，如因冒顶或积水已造成巷道堵塞，可找其他通道撤出。

在唯一的出口被封堵无法撤退时，应在现场管理人员或有经验的老师傅的带领下进行避灾，等待救援人员的营救，严禁盲目潜水等冒险行为。

当避灾处低于外部水位时，不得打开水管、压风管供风，以免水位上升。必要时，可设置挡墙或防护板，阻止涌水、煤矸和有害气体的侵入。避灾处外口应留衣物、矿灯等作标志，以便营救人员发现。

重大水害的避难时间一般较长，应节约使用矿灯，合理安排随身携带的食物，保持安静，尽量避免不必要的体力消耗和氧气消耗，采用各种方法与外部联系。长时间避难时，避难人员要轮流担任岗哨，注意观察外部情况，定期测量气体浓度，其余人员均静卧保持体力。避难人员较多时，硐室内可留一盏

矿灯照明，其余矿灯应关闭备用。在硐室内，可有规律地间断地敲击金属物、顶帮岩石，发出呼救联络信号，以引起救援人员的注意，指示避难人员所在的位置。在任何情况下，所有避难人员都要坚定信心，互相鼓励，保持镇定的情绪。被困期间断绝食物后，即使在饥渴难忍的情况下，也应努力克制自己，不嚼食杂物充饥，尽量少饮或不饮不洁净的水。需要饮用井下水时，应选择适宜的水源，并用纱布或衣服过滤，以免造成身体损伤。

长时间避难后得救时，不可吃硬质和过量的食物，要避开强烈的光线，以免刺伤眼睛。

82. 煤矿冒顶事故如何分类？怎样预防？

矿山冒顶事故是指由地压引起巷道和采场的顶板垮落引发的事故。在煤矿井下生产过程中的五大自然灾害中，冒顶事故占的比重最大。世界主要产煤国家的统计资料表明，冒顶事故占井下事故总数的50%以上。煤矿井下冒顶事故频繁，危害十分严重，首先是威胁井下人员生命安全，其次是冒顶能压垮工作面，造成全工作面停产，影响生产作业。

按照顶板一次冒落的范围及造成伤亡的严重程度，常见顶板事故可分为两大类：大冒顶和局部冒顶事故。在井下冒顶事故中，回采工作面冒顶事故最多（占冒顶总数的75%以上），其次是掘进工作面。

冒顶事故是煤矿生产中最常见的一种事故，它不仅发生率高，而且危害性大，但有针对性地采取措施，加强顶板的科学管理，绝大多数冒顶事故是可以预防的，因此，矿工在煤矿生产中，一定要坚持执行必要的制度，如敲帮问顶制度、验收支架制度、岗位责任制度、金属支架检查制度、交接班制度、顶板分析制度等，注意做好顶板管理工作，以防止和减少顶板事故的发生。

83. 发生冒顶事故后应如何进行应急处置?

冒顶事故的发生一般是有预兆的。井下人员发现冒顶预兆，应立即进入安全地点避灾。如来不及进入安全地点，要靠煤壁贴身站立（但应防止片帮），或到木垛处避灾。

发生冒顶事故后，现场班队长、跟班干部要根据现场情况，判断冒顶事故发生的地点、灾情、原因、影响区域，进行现场处置。如无第二次大面积顶板动力现象时，立即组织对受困人员进行施救，防止事故扩大。

现场救援人员必须在首先保证巷道通风、后路畅通、现场顶帮维护好的情况下方可施救，施救过程中必须安排专人进行顶板观察、监护。当出现大面积来压等异常情况或通风不良、瓦斯浓度急剧上升有瓦斯爆炸危险时，必须立即撤离到安全地点，等待救援。

在巷道掘进施工时，应经常检查巷道支架、顶板情况，做好维护工作，防止前面施工，后面“关门”的堵人事故。一旦被堵，则应沉着冷静，同时维护好冒落处和避灾处的支护，防止冒顶进一步扩大，并有规律地向外发出呼救信号，但不能敲打威胁自身安全的物料和岩石，更不能在条件不允许的情况下强行挣扎脱险。若被困时间较长，则应减少体力消耗，节水、节食和节约矿灯用电。若有压风管，应用压风管供风，做好长时间避灾的准备。

抢救被煤和矸石埋压的人员时，要首先加固冒顶地点周围的支架，确保抢救中不再次冒落，并预留好安全退路，保证营救人员自身安全，然后采取措施。扒人时，要首先清理遇险人员的口鼻堵塞物，畅通呼吸系统。禁止用镐刨煤、矸，小块用手搬，大块应采用千斤顶、液压起重气垫等工具，绝对不允许用锤砸。

应根据现场实际情况开展救助工作，轻伤者应现场对其进行包扎，并抬放到安全地带；骨折人员不要轻易挪动，要先采取固定措施；出血伤员要先止血，等待救助人员的到来。

除救人和处理险情紧急需要外，一般不得破坏现场。

发生冒顶事故后，抢救人员时，用呼喊、敲击或采用生命探测仪探测等方法，判断遇险人员位置，与遇险人员保持联系，鼓励他们配合抢救工作。在支护好顶板的情况下，用掘小巷、绕道通过垮落区或使用矿山救护轻便支架穿越垮落区的方法接近被埋、被堵人员。一时无法接近时，应设法利用压风管路等提供新鲜空气、饮料和食物。

处理冒顶事故中，应指定专人检查瓦斯和观察顶板情况，发现异常，立即撤出人员。

第六章　冶金生产意外伤害与救治

84. 冶金企业生产的特点是什么?

冶金行业是我国国民经济重要的基础产业之一。我国冶金行业经过长期建设，目前已经形成包括由矿山、烧结、焦化、炼铁、炼钢、轧钢以及相应的铁合金、耐火材料、碳素制品制造和地质勘探、工程设计、建筑施工、科学研究等部门构成的完整工业体系。

冶金企业生产的主要特点，是企业规模庞大，生产工艺流程长，从金属矿石的开采，到产品的最终加工，需要经过很多工序，其中一些主体工序的资源、能源消耗量很大。我国冶金行业在发展中，由于传统生产工艺技术发展的局限性，多年来基本上延续以粗放生产为特征的经济增长方式，整体工艺技术和装备水平比较落后，人均生产效率较低，并且生产环境的污染影响也较为严重。同时，由于冶金企业生产工序繁多，工艺流程复杂，人员众多，安全生产管理工作任务繁重，保障职工安全健康的难度较大。

我国钢铁企业按其生产产品和生产工艺流程可分为两大类，即钢铁联合企业和特殊钢企业。钢铁联合企业的生产流程主要包括烧结（球团）、焦化、炼铁、炼钢、轧钢等生产工序，即长流程生产；特殊钢企业的生产流程主要包括炼钢、轧钢等生产工序，即短流程生产。钢铁联合企业中炼钢生产采用转炉炼钢或电炉炼钢，转炉炼钢以铁水为主要原料，电炉炼钢以废钢为主要原料。特殊钢企业中炼钢生产采用电炉炼钢，以废钢为原料。

85. 冶金企业事故特点有哪些?

冶金生产过程中的主要事故类型为煤气中毒，火灾和爆炸，高温液体喷溅、溢出和泄漏，电缆隧道火灾，煤粉爆炸等。

冶金行业企业规模大、人员众多，管理幅度和管理难度较大，易发生人员伤亡的重大安全事故，具有与其他行业明显不同的特点。

（1）伤亡事故发生的生产工序

冶金生产企业伤亡事故发生较多的生产工序依次为：其他辅助生产，约占伤亡事故总数的27.5%；轧钢，约占伤亡事故总数的21%；其他部门，约占伤亡事故总数的14.2%；炼钢，约占伤亡事故总数的10.8%；矿山，约占伤亡总数的8%；炼铁，约占伤亡事故总数的7%。发生事故较少的生产工序依次为：供热、氧气、燃气、铁合金、供电，五者约占伤亡事故总数的2%。

（2）伤亡事故发生的类别

冶金生产企业发生事故较多的类别依次是：机械伤害和其他伤害，各约占事故总数的18%；物体打击，约占事故总数的16%；高处坠落，约占事故总数的14%；起重伤害，约占事故总数的11%；灼烫，约占事故总数的10%；提升、车辆伤害，约占事故总数的6%；触电，约占事故总数的2%；中毒和窒息，约占事故总数的2%；淹溺、火灾、坍塌、放炮、爆炸，约占事故总数的3%。

（3）伤亡事故发生的直接原因

冶金生产企业发生死亡和重伤事故原因，主要是违反操作规程或劳动纪律，约占死亡人数和重伤人数的60%左右。其次是对现场工作缺乏检查或指挥错误，约占死亡人数和重伤人数的20%左右。除此之外，还有设备、设施、工具、附件有缺陷；生产场地环境不良；安全设施缺少或有缺陷；劳动组织不合理；教育培训不够、缺乏安全操作知识；技术和设计上有缺陷；个人防护用品缺少或有缺陷；没有安全操作规程或规程有缺陷等因素。

（4）伤亡事故发生的时间

冶金生产企业死亡事故发生较多的月份在1月和6月，发生死亡事故较少的月份在10月、2月、11月。其他事故发生较多的月份在4月、5月、8月和12月。

86. 冶金企业生产中存在的主要职业危害有哪些?

冶金工业生产中主要职业危害因素是高温、强辐射热、粉尘、一氧化碳和噪声等。

（1）高温和强辐射灼热

冶金生产中，矿粉的加工烧结、炼焦、炼铁、炼钢、轧钢等每个环节都属高温作业，有的车间夏季唯独比室外高15～20℃，易发生人员中暑；灼热的物体辐射出的大量红外线，易引起职业性白内障。

（2）粉尘危害

在矿石生产中，井下开采、运输、破碎到选矿、混料、烧结等环节都有很高浓度的粉尘，在耐火材料加工、炼焦、炼钢的过程中亦有大量粉尘产生，长期接触会发生尘肺，多为矽肺。

（3）一氧化碳中毒

煤气中一氧化碳含量为30%左右，故在接触煤气的岗位，如不注意防护，就可能发生一氧化碳中毒。

（4）其他伤害

由于接触火焰、钢水、钢渣、钢锭的机会较多，容易发生烧灼伤；接触高温辐射的作业人员易发生火激红斑、色素沉着、毛囊炎及皮肤化脓等疾患；由于高温作用，肠道活动出现抑制反应，使消化不良和胃肠道疾患增多，高血压的发生率也比一般工人多。

87. 冶金企业发生煤气泄漏应如何处置?

钢铁冶炼过程中会产生多种副产品煤气。其中，炼焦副产品为焦炉煤气，炼铁副产品为高炉煤气，炼钢副产品为转炉煤气，生产铁合金副产品为铁合金炉煤气。上述煤气回收后可作为焦炉、热风炉、加热炉和发电锅炉的燃料，焦炉煤气还可作为民用燃气。由于煤气中含有大量易燃易爆、有毒有害物质，在生产、运输、储存和使用过程中，存在中毒、火灾和爆炸危险。

发生煤气泄漏时应按以下方法进行应急处置。

（1）关闭送气阀

事发单位发现煤气泄漏，立即报告，操作人员按规程关闭送气阀门，打开紧急放散阀门进行减压。

（2）空气稀释

强制向泄漏区排风，疏散泄漏区煤气。

（3）检查抢修

工程抢险人员必须佩戴好防毒面罩，进入现场详细检查，找出原因；抢险抢修人员在安全的前提下，迅速开展对泄漏点的抢修堵漏工作。

煤气泄漏较严重时，应迅速划分危险单元，组织治安队在目标单元周围200米范围内设立警戒线，严禁无关人员及车辆通过，查禁所有明暗火源。

现场应急指挥根据情况及时报告当地政府相关管理部门，请求外部支援，对处在危险区域内的所有人员进行紧急疏散。

88．冶金企业发生人员煤气中毒时应如何处置?

（1）进入泄漏区的人员必须佩戴一氧化碳报警仪、氧气呼吸器。

（2）设置隔离区并进行监护，防止其他人员进入煤气泄漏的区域。

（3）抢救人员要尽快让中毒人员离开中毒环境，并尽量让中毒人员静躺，避免活动后加重心、肺负担及增加氧的消耗量。

（4）事故现场杜绝任何火源。

（5）搜索后，要对在岗人员及参加抢险的人员进行人数清点，在人数不符的情况下搜救工作不能终止，直到点清全部人员。

（6）对泄漏点周围逐个地点进行搜索，特别是死角、夹道等不易引起注意的地方进行全面搜索。

（7）应对警戒区域内的煤气含量进行检测，超过规定标准时警戒区不能撤销。

89．冶金企业煤气泄漏引发火灾、爆炸时应如何处置?

煤气轻微泄漏引起着火，可用湿泥、湿麻袋堵住着火部

位，进行扑救和灭火，火焰熄灭后再按有关规定补好泄漏处。

直径小于100 毫米的煤气管道着火时，可直接关闭阀门，切断气源灭火。

直径大于100毫米的煤气管道或煤气设备着火时，应向管道或设备内通入大量蒸汽或氮气，同时降低煤气压力，缓慢关小阀门但压力不得小于100帕，以防止回火引起爆炸，使事故扩大，待火焰熄灭后再彻底关闭阀门。

煤气管道或设备被烧红，不得用水骤然冷却，以防管道或设备变形断裂。

当管道法兰、补偿器、阀门等处着火时，如果火势较小，戴好呼吸器可用就近备用灭火器灭火；如果火势较大，灭火器不能使火熄灭，可用消防车、消防水冷却设备，同时向系统内通入蒸汽或氮气，逐渐关闭阀门，待火焰熄灭后彻底切断气源灭火。

当火灾发生时，事发危险区域要将警戒线扩大至300～500米范围，防止他人误入危险区，事故隐患未彻底消除，安全警戒不得解除。

当发生煤气爆炸事故，在未查明事故原因和采取必要安全措施前，不得向煤气设施复送煤气。

90. 冶金企业发生高温液体喷溅意外伤害时应如何进行应急处置?

冶金生产过程中的高温液体具有温度高、热辐射很强的特性，如铁水、钢水、钢渣、铁渣的温度往往在1 250～1 670℃。高温液体易喷溅，对危险范围内的作业人员，极易造成灼伤。据有关资料统计，灼伤约占炼钢厂总伤害的1/4，居各种伤害的第2位。

高温液体发生喷溅、溢出或泄漏时除了可能直接对人员造成灼烫伤害外，还潜藏着发生爆炸的严重危害，并可能诱发其他二次伤害或事故，给企业造成巨大损失。

（1）发生高温液体喷溅时采取的应急处置

人员身上着火，严禁奔跑，相邻人员要帮助灭火。

心跳、呼吸停止者，应立即进行心肺复苏。

面部、颈部深度烧伤及出现呼吸困难者，应迅速送往医院设法作气管切开手术。

非化学物质的烧伤创面，不可用水淋，创面水泡不要弄破，以免创面感染。

用清洁纱布等盖住创面，以免感染。

如伤员口渴，可饮用盐开水，不可喝生水及大量白开水，以免引起脑水肿及肺水肿。

严重灼伤者，争取在休克出现之前，迅速送医院医治。

送伤员前，尽可能提前通知医院做好抢救准备事宜。

（2）发生高温液体溢出、爆炸可采取的应急处置

凡发生高温液体溢流，应立即停止作业。危险区内严禁有人。

发生漏铁、漏钢事故时，要将剩余铁、钢水倒入备用罐。

高温液体溢流地面遇有乙炔瓶、氧气瓶等易燃易爆物品时，如不能及时搬走，要采取降温措施。

溢流、泄漏地面的铁水、钢水在未冷却之前，不能用水扑救，以防止水出现分解，引起爆炸。

高温液体溢出或泄漏诱发火灾时，不能用水来扑救，一般采用干粉灭火器灭火。

一旦诱发了火灾爆炸等二次事故时应立即设置警戒区，禁止人员进入。

91. 冶金生产火灾爆炸意外伤害应如何进行应急处置？

在冶金生产过程中，特别是煤粉制备、输送与喷吹过程中，可能产生火灾、爆炸、中毒、窒息、建筑物坍塌等事故。密闭生产设备中发生的煤粉爆炸事故可能发展成为系统爆炸，摧毁整个烟煤喷吹系统，甚至危及高炉；抛射到密闭生产设备以外的煤粉可能导致二次粉尘爆炸和次生火灾，扩大事故危害。

（1）火灾爆炸事故的应急处置

指定专人维护事故现场秩序，阻止无关人员进入事故现场，严防二次伤害，指导救援人员进入事故现场。

认真保护事故现场，凡与事故有关的物体、痕迹、状态，不得破坏，为抢救受伤者需要移动某些物体时，必须做好标记。

根据实际需要，立即对受伤人员实施现场救护，如心肺复苏、外伤包扎等，同时应迅速联系专业救护。

及时收集现场人员位置、数量信息，准确统计伤亡情况，防止其他人员受困或被遗漏。

及时切断与运行设备的联系，保证其他设备的安全运行。如果是在有压力容器的部位发生火灾，要及时隔离，严防引发压力容器爆炸事故。

确定事故状态对周边相关动力管网的影响情况，采取安全防范措施。

转移易燃、易爆等危险品，运用隔离设施严防烧、摔、砸、炸、窒息、中毒、高温、辐射等原因导致对救援人员造成伤害。

（2）对烧伤人员的应急处置与救治

当发生热物体灼烫伤害事故时，事发单位应首先了解情况，及时抢修设备，进行堵漏，并使伤者迅速脱离热源，然后对烫伤部位用自来水冲洗或浸泡。但不要给烫伤创面涂有颜色的药物如紫药水，以免影响对烫伤深度的观察和判断，也不要将牙膏、油膏等物质涂于烫伤创面，以减少创面感染的机会，减少就医时处理的难度。如果出现水泡，不要将泡皮撕去，避免感染。简单救治后应及时将伤员送往医院救治。

第七章　化工企业意外伤害与应急处置

92. 化工企业生产的主要特点有哪些？

化工企业的生产具有易燃、易爆、易中毒、高温、高压、易腐蚀等特点，与其他行业相比，生产过程中潜在的不安全因素更多，危险性和危害性更大，因此对安全生产的要求也更加严格。目前，随着化工生产技术的发展和生产规模的扩大，企业安全已经不再局限于企业自身，一旦发生有毒有害物质泄漏，不但会造成生产人员中毒伤害事故，导致生产停顿、设备损坏，并且还有可能波及社会，造成其他人身中毒伤亡，产生无法估量的损失和难以挽回的影响。

化工企业运用化学方法从事产品的生产，生产过程中的原材料、中间产品和产品，大多数都具有易燃易爆的特性，有些化学物质对人体存在着不同程度的危害。与其他行业企业生产不同，化工企业生产具有高温高压、毒害性腐蚀性、生产连续性等特点，比较容易发生泄漏、火灾、爆炸等事故，而且事故一旦发生，常常造成群死群伤的严重事故。

（1）生产原料具有特殊性

化工企业生产使用的原材料、半成品和成品，种类繁多，并且绝大部分是易燃易爆、有毒有害、有腐蚀的危险化学品。这不仅对生产过程中原材料、燃料的使用、储存和运输提出较高的要求，而且对中间产品和成品的使用、储存和运输都提出了较高的要求。

（2）生产过程具有危险性

在化工企业的生产过程中，所要求的工艺条件严格甚至苛刻，有些化学反应在高温、高压下进行，有的要在低温、高真空度下进行。在生产过程中稍有不慎，就容易发生有毒有害气体泄漏、爆炸、火灾等事故，酿成巨大的灾难。

（3）生产设备、设施具有复杂性

化工企业的一个显著特点，就是各种各样的管道纵横交错，大大小小的压力容器遍布全厂，生产过程中需要经过各种装置、设备的化合、聚合、高温、高压等程序，生产过程复杂，生产设备、设施也复杂。大量设备设施的应用，减轻了操作人员的劳动强度，提高了生产效率，但是设备设施一旦失控，就会造成各种事故。

（4）生产方式具有严密性

目前的化工生产方式，已经从过去落后的坛坛罐罐的手工操作、间断生产，转变为高度自动化、连续化生产；生产设备由敞开式变为密闭式；生产装置从室内走向露天；生产操作由分散控制变为集中控制，同时也由人工手动操作变为仪表自动操作，进而发展为计算机控制。这就进一步要求严格周密，不能有丝毫的马虎大意，否则就会导致事故的发生。

随着化学工业的发展，其生产的特点不仅不会改变，反而会由于科学技术的进步，使这些特点进一步强化。因此，化工企业在生产和其他相关过程中，必须有针对性地采取积极有效的措施，加强安全生产管理，防范各类事故的发生，保证安全生产。

爆炸品标志

易燃气体标志

有毒气体标志

93. 化工生产事故的特点是什么？

化工生产事故有以下突出特点：一是大量化学物质意外排放或泄漏事故，造成的伤亡极其惨重，损失巨大。二是化工生产事故损害具有多样性，即事故不仅会造成人员的死亡，还能够对受伤害者各器官系统造成暂时性或永久性的功能或器质性损害，可以是急性中毒，也可以是慢性中毒，不但影响本人，也有可能影响后代；可以致畸，也可以致癌。三是化工生产事故由于各种毒物分布广、事故多，因而污染严重，环境被污染后，彻底消除十分困难。四是化工生产事故不受地形、气象和季节影响。无论企业大小、气象条件如何，也无论春夏秋冬，事故随时随地都有可能发生。五是化学物质种类多，目前统计有5 000～10 000种，因而当事故发生后，迅速确定是哪种物质引起的伤害十分困难，这对事故发生后的应急救援不利。

在化工企业生产中，由于各种原因，在危险化学品生产、运输、仓储、销售、使用和废弃物处置等各个环节都出现过许多重特大事故，给人民的生命财产造成严重的损失。

94. 化工企业常见事故原因有哪些？

化工企业常见事故原因，与化工企业的生产特点、生产过程所存在的危险性直接相关。

（1）直接事故原因

一是机械、物质或环境的不安全状态。如防护、保险、信号等装置缺乏或有缺陷，设备、设施、工具、附件有缺陷，个体防护用品、用具缺少或有缺陷，生产（施工）场地环境不良等。二是人的不安全行为。如操作错误造成安全装置失效，使用不安全设备，手代替工具操作，物体存放不当，冒险进入危险场所，违反操作规定，分散注意力，忽视个体防护用品、用具的使用，不安全装束等。

（2）间接事故原因

包括：技术和设计上有缺陷；工业构件、建筑物、机械设备、仪器仪表、工艺过程、操作方法、维修检验等的设计、施工和材料使用存在问题。教育培训不够、未经培训、缺乏或不懂安全操作技术知识；劳动组织不合理，对现场工作缺乏检查或指导错误；没有安全操作规程或不健全；没有或不认真实施事故防范措施，对事故隐患整改不力等。

（3）其他原因

除此之外，化工企业引发事故的原因，还有制造缺陷、化学腐蚀、管理缺陷、纪律松弛等因素，尤其是那些常见多发事故，主要是违章作业、维护不周、操作失误所致。

95. 扑救危险化学品火灾的一般对策是什么？

在化工企业生产过程中和危险化学品运输、仓储、销售、使用和废弃物处置等各个环节，化学物质的原因、气象

因素的原因、违章操作的原因等，都有可能导致火灾、爆炸事故的发生。

在火灾尚未扩大到不可控制之前，应尽快用灭火器来控制火灾。迅速关闭火灾部位的上下游阀门，切断进入火灾事故地点的一切物料，然后立即启用现有各种消防装备扑灭初期火灾和控制火源。

对周围设施采取保护措施。为防止火灾危及相邻设施，必须及时采取冷却保护措施，并迅速疏散受火势威胁的物资。有的火灾可能造成易燃液体外流，这时可用沙袋或其他材料筑堤拦截流淌的液体或挖沟导流，将物料导向安全地点。必要时用毛毡、湿草帘堵住下水井、阴井口等处，防止火焰蔓延。

扑救危险化学品火灾绝不可盲目行动，应针对每一类化学品，选择正确的灭火剂和灭火方法。必要时采取堵漏或隔离措施，预防次生灾害扩大。当火势被控制以后，仍然要派人监护，清理现场，消灭余火。

第八章　机械制造意外伤害与应急处置

96. 机械设备的主要危害因素是什么?

机械制造行业是各种工业的基础，涉及范围广泛，从业人员数量庞大。其中包括铸造、锻造、热处理、机械加工和装配等工艺，这些工艺操作中存在着各种职业病危害因素，同时也存在着各种机械设备的危害。

机械加工设备是各行业机械加工的基础设备，主要有金属切削机床、锻压机械、冲剪压机械、起重机械、铸造机械、木工机械等。

机械设备在规定的使用条件下执行其功能的过程中，以及在运输、安装、调整、维修、拆卸和处理时，无论处于哪个阶段，处于哪种状态，都存在着危险与有害因素，有可能对操作人员造成伤害。

（1）正常工作状态存在的危险

机械设备在完成预定功能的正常工作状态下，存在着不可避免的但却是执行预定功能所必须具备的运动要素，并可能产生危害。如零部件的相对运动、刀具的旋转、机械运转的噪声和振动等，使机械设备在正常工作状态下存在碰撞、切割、作业环境恶化等对操作人员安全不利的危险因素。

（2）非正常工作状态存在的危险

在机械设备运转过程中，由于各种原因引起的意外状态，包括故障状态和维修保养状态。设备的故障不仅可能造成局部

或整机的停转，还可能对操作人员的安全构成威胁，如运转中的砂轮片破损会导致砂轮飞出造成物体打击事故；电气开关故障会产生机械设备不能停机的危险。

机械设备的维修保养一般都是在停机状态下进行，由于检修的需要往往迫使检修人员采用一些特殊的做法，如攀高、进入狭小或几乎密闭的空间，将安全装置拆除等，使维护和修理过程容易出现正常操作不存在的危险。

97. 机械设备的主要危害有哪些?

（1）机械性危害

其主要包括挤压、碾压、剪切、切割、碰撞或跌落、缠绕或卷入、戳扎或刺伤、摩擦或磨损、物体打击、高压流体喷射等。

（2）非机械性危害

主要包括电流、高温、高压、噪声、振动、电磁辐射等产生的危害；因加工、使用各种危险材料和物质（如燃烧爆炸、毒物、腐蚀品、粉尘及微生物、细菌、病毒等）产生的危

害；还包括因忽略安全人机学原理而产生的危害等。

98. 机械加工设备的事故特点与原因是什么?

机械伤害是企业职工在工作中最常见的事故类别，伤害类型多以夹挤、碾压、卷入、剪切等为主。各类机械设备的旋转部件和成切线运动的部件间、对向旋转部件的咬合处、旋转部件和固定部件的咬合处等，都可能成为致人受伤的危险部位。据我国安全生产部门统计，近年来，夹挤、碾压类事故占机械伤害事故的一半左右，注重此类工伤事故的特点和预防，是一项不容忽视的重要工作。造成机械伤害事故的原因，主要有：

（1）违章操作

在我国，大量的机械设备属于传统的机械化、半机械化控制的人机系统，没有在本质安全上做到尽善尽美，因此需要在定位、固定、隔离等控制环节上进行弥补，通过设置醒目的警示标识和严格的安全操作规程加以完善。但不少机械类企业工人有章不循、违章作业仍非常突出，违章造成的夹挤、碾压类伤害时有发生，成为企业必须下大气力着重解决的安全问题。

（2）体力与脑力疲劳造成辨识错误

长期持久的体力与脑力劳动、单调乏味的工作、嘈杂的工作环境、凌乱的工作布局、不良的精神因素等，都容易使操作者产生疲劳、厌烦的感觉，此时，辨识错误就会出现，带来误操作、误动作，造成伤害事故。

（3）机械化代替手工作业

机械化代替手工劳动是生产力进步的标志。但是，这一时期，操作者由于要熟悉新的工作环境和新的机械操作方法，思想往往比较紧张，心理上承受的工作压力明显大于以前手工熟悉状态下的工作压力，不免操之过急，却由于注意力过分集

中，产生焦虑和烦躁情绪，极易使手、脑配合出现不协调，导致伤害事故发生。

（4）安装、调试设备

机械设备往往要经历安装调试期、正常生产期和老化磨损期。相对来说，正常生产期的设备故障率较低，而安装调试期与老化磨损期的设备故障率相对较高。因为这时机械设备的安全装置处于暂时的“失效”状态，甚至“失效安全装置”也不会起作用，由于调试的需要，还不能断电、断气、断水，用于防止接触机器危险部件的固定安全装置已被打开，起不到保护作用，稍有不慎，维修人员就会被“咬”。另外，维修调试时往往是两人以上互相配合，极易出现配合失误，如误合闸、误开机、误动作等，造成伤害事故。

99. 金属切削机床的危险因素有哪些?

金属切削机床（简称“机床”）是用切削的方法将金属毛坯加工成一定的几何形状、尺寸精度和表面质量的机器零件的机器。在机床上装卡被加工工件和切削刀具，带动工件和刀具进行相对运动；在相对运动中，刀具从工件表面切去多余的金属层，使工件成为符合预定技术要求的机器零件。

金属切削加工是用刀具从金属材料上切除多余的金属层，其过程实际就是切屑形成的过程。切屑可能对操作人员造成伤害，或对工件造成损坏，如崩碎的切屑可能迸溅伤人；带状切屑会连绵不断地缠绕在工件上，损坏已加工的表面。

金属切削主要的危险因素有：机械传动部件外露时，无可靠有效的防护装置；机床执行部件，如装夹工具、夹具或卡具脱落、松动；机床本体的旋转部件有凸出的销、楔、键；加工超长工件时伸出机床尾端的部分；工、卡、刀具放置不当；机床的电气部件设置不规范或出现故障等。

100. 金属切削加工常见机械伤害有哪些?

（1）挤压

如压力机的冲头下落时，对手部造成挤压伤害；人手也可能在螺旋输送机、塑料注射成型机中受到挤压伤害。

（2）咬入（咬合）

典型的咬入点是啮合的齿轮、传送带与带轮、链与链轮、两个相反方向转动的轧辊。

（3）碰撞和撞击

典型例子，一种是人受到运动着的刨床部件的碰撞；另一种是飞来物撞击造成的伤害。

（4）剪切

这种事故常发生在剪板机、切纸机上。

（5）卡住或缠住

运动部件上的凸出物、传动带接头、车床的转轴、加工件等都能将人的手套、衣袖、头发、辫子甚至工作服口袋中擦拭机械用的棉纱缠住而使人造成严重伤害。需要注意的是，一种机械可能同时存在几种危险，即可同时造成几种形式的伤害。

101. 操作机械发生事故的原因有哪些？

机械设备安全设施缺损，如机械传动部位无防护罩等。造成这种情况，可能是无专人负责保养，也可能是无定期检查、检修、保养制度。

生产过程中防护不周。如车床加工较长的棒料时，未用托架。

设备位置布置不当，如设备布置得太挤，造成通道狭窄，原材料乱堆乱放，阻塞通道。

未正确使用劳动防护用品。

没有严格执行安全操作规程，或者安全操作规程不全面完整。

作业人员没有进行安全教育，不懂安全基本知识。

要杜绝这些隐患，光靠安全管理是不行的，还必须掌握一定的安全技术知识。

102. 金属切削机械的安全技术要求有哪些？

进行金属切削的机械设备很多，如车床、刨床、铣床、镗床等。它们一般都具有操纵机构、传动机构、保险装置、照明装置。这些部位都应有明确的安全技术要求，如不符合安全技术要求应立即整改。

（1）操纵机械的安全技术要求

金属切削机床的操纵盘、开关、手柄等应装在适当的位置，便于操作。变速箱、换向机械应有明显挡位和标志牌；开关、按钮应用不同的颜色，如停车用红色，开车用绿色，倒车用黑色；须装有性能良好的制动装置。

（2）保险装置的安全技术要求

保险装置是指突然发生险情时，能自动消除危险因素的安全装置。如机床超负荷时，能自动断开机床传动部分的离合器；当人员操作时身体或手进入危险部位时，光电自动保护装置自动切断电源，停止机床运转等。在使用机床时，应先检查这些装置的性能是否良好。

（3）传动装置的安全技术要求

机床传动部位的防护装置，目前在我国定型的新机床的设计与制造中，都已作为机床的一个整体产品出厂。但一些企业在设备安装过程中，尤其是经过设备修理之后，往往将安全防护装置弃之不用。有些企业自制土设备不安装防护装置，造成齿轮、传动带、传动轴等外露伤人。为此，有些单位总结出“有轮必有罩，有轴必有套”的安全生产经验。一定要牢记那些血的教训。严格按安全操作规程办，严禁使用安全防护装置缺损的机床设备。

（4）照明装置的安全技术要求

照明装置在机床操作中似乎可有可无，其实不然。如果照明不够，操作人员就会弯腰将脸凑近加工件细看，这就容易造成工件、刀具在切削时将操作人员面部划伤的工伤事故。对此，机床上必须安装36伏以下的局部照明灯。

（5）金属切屑时的防护

机床在高速切削时所形成的金属屑很锋利，经常伤害操作者的眼睛和裸露部位；带状缠屑有时缠在工件、刀具、手柄等部位，操作

人员在清理时往往发生工伤事故。要消除这类事故隐患，可根据不同情况采用不同的方法。目前使用较多的有不重磨硬质合金钢刀片机械夹固法。对于飞溅金属碎屑，除了操作者操作时必须戴好防护镜外，还需安装防护罩，防止金属切屑飞溅。

（6）正确使用防护用品

机床运行时，操作人员不准戴手套；女工必须将长发罩入工作帽内；必须戴好防护眼镜；工作服的纽扣要扣上，下摆要紧，袖口要扎牢或戴好袖套。

103. 机械加工的职业病危害因素有哪些?

在机械加工过程中，涉及铸造、锻压、热处理等环节，这些加工环节存在的危害因素有时并不像化工、建材等企业严重，但是如果不注意防范，同样可能造成伤害。

（1）铸造危害因素

铸造可分为手工造型和机械造型两大类。手工造型是指用手工完成紧砂、起模、修整及合箱等主要操作的过程，其劳动强度大，劳动者直接接触粉尘、化学毒物和物理因素，职业危害大。机械造型生产率高，质量稳定，工人劳动强度低，劳动者接触粉尘、化学毒物和物理因素的机会少，职业危害相对较小。

粉尘危害：造型、铸件落砂与清理时产生大量的砂尘，其中粉尘性质及危害大小主要决定于型砂的种类，如选用石英砂造型时，因游离二氧化硅含量高，其危害最大。

毒物与物理因素危害：砂型与砂芯的烘干，以及熔炼、浇注产生高温与热辐射；如果采用煤或煤气作燃料还会产生一氧化碳、二氧化硫和氢氧化物等；如果采用高频感应炉或微波炉加热时则存在高频电磁场和微波辐射。

（2）锻压危害因素

锻压是对坯料施加外力，使坯料产生部分或全部的塑性变形，从而获得锻件的加工方法。

①物理因素危害。噪声是锻压工序中危害最大的职业病危害因素。锻锤（空气锤和压力锤）可产生强烈噪声和振动，一般为脉冲式噪声，其强度超过100 分贝。冲床、剪床也可产生高强度噪声，但其强度一般比锻锤小。加热炉温度高达1 200℃，锻件温度也在500～800℃，工作场所中存在高温与较强的热辐射等物理性危害因素。

②粉尘与毒物危害。锻造炉、锻锤工序中加料、出炉、锻造过程可产生金属粉尘、煤尘等，尤以燃料工业窑炉污染较为严重。燃料工业窑炉可产生一氧化碳、二氧化硫、氮氧化物等有害气体。

（3）热处理危害因素

热处理工艺主要是使金属零件在不改变外形的条件下，改变金属的性质（硬度、韧度、弹性、导电性等），达到工艺上所要求的性能。热处理包括正火、淬火、退火、回火和渗碳等基本过程。热处理一般可分普通热处理、表面热处理（包括表面淬火和化学热处理）和特殊热处理等。

①有毒气体。金属零件的正火、退火、渗碳、淬火等热处理工序要用品种繁多的辅助材料，如酸、碱、金属盐、硝盐及氰盐等。这些辅料都是具有强烈的腐蚀性和毒性的物质。如氯化钡作加热介质，工艺温度达1 300℃时，氯化钡大量蒸发，产生氯化钡烟尘污染车间空气；氯化工艺过程中有大量氨气排放；在渗碳、氰化等工艺过程使用氰化盐（亚铁氰化钾等）毒性很大；盐浴炉中熔融的硝盐与工件的油污作用产生氮氧化物等。此外，热处理过程经常使用甲醇、乙醇、丙烷、丙酮及汽

油等有机溶剂。

②物理因素危害。热处理工序都是在高温下进行的，车间内各种加热炉、盐浴槽和被加热的工件都是热源。这些热源可造成高温与强热辐射的工作环境。各种电动机、风机、工业泵和机械运转设备均可产生噪声与振动。但多数热处理车间噪声强度不大，噪声超标现象较少见。

（4）机械加工危害因素

机械加工是利用各种机床对金属零件进行车、刨、钻、磨、铣等冷加工；在机械制造过程中，通常是通过铸、锻、焊、冲压等方法制造成金属零件的毛坯，然后再通过切削加工制成合格零件，最后装配成整机。

一般机械加工在生产过程中存在的职业危害相对较少，主要是金属切削中使用的乳化液和切削液对工人的影响。通常所用的乳化液是由矿物油、萘酸或油酸及碱（苛性钠）等所组成的乳剂。因机床高速运转，乳化液四溅，易污染皮肤，可引起毛囊炎或粉刺等皮肤病。

机械加工的粗磨和精磨过程中，会产生大量金属和矿物性粉尘。人造磨石多以金刚砂（三氧化二铝晶体）为主，其中二氧化硅含量较少，而天然磨石含有大量游离二氧化硅，故可能导致铝尘肺和矽肺。

特种机械加工的职业危害因素与加工工艺有关。如电火花加工存在金属烟尘；激光加工存在高温和紫外线辐射；电子束加工存在射线和金属烟尘；离子束加工存在金属烟尘、紫外线辐射和高频电磁辐射，如果使用钨电极，还有电离辐射危害等；电解加工、液体喷射加工和超声波加工相对危害较小。此外，设备运转会产生噪声与振动。

104．机械加工中的职业病危害因素防护措施有哪些？

机械制造业职业病危害主要集中在铸造生产过程中的矽尘危害、涂装生产过程中的苯及同系物等有机溶剂危害，以及电焊作业中的电焊（烟）尘的职业危害。为此，机械制造工业的职业病危害防护应从以下方面综合考虑。

（1）合理布局

在车间布局上，要考虑减少职业病危害交叉污染。如铸造工序中的熔炼炉应放在室外或远离人员集中的公共场所；铆工和电焊、（涂）喷漆工序应分开布置。

（2）防尘

铸造应尽量选用游离二氧化硅含量低的型砂，并减少手工造型和清砂作业。清砂是铸造生产中粉尘浓度最高的岗位，应予重点防护，如安装大功率的通风除尘系统，实行喷雾湿式作业，以降低工作场所空气中粉尘浓度。并做好个人防护，佩戴符合国家相关标准的防尘口罩。

（3）防毒及应急

对热处理和金属熔炼过程中有可能产生化学毒物的设备，应采取密闭措施或安装局部通风排毒装置。对产生高浓度一氧化碳、氰化氢、甲醛等剧毒气体的工作场所，如某些特殊的淬火、涂装和使用胶黏剂岗位，应制定急性职业中毒事故应急救援预案，设置警示标识，配备防毒面具或防毒口罩等。

（4）噪声控制

噪声是机械制造行业中重要的职业病危害之一。噪声控制主要包括对铸造、锻造中的气锤、空压机，以及机械加工的打磨、抛光、冲压、剪板、切割等高强度噪声设备的治理。对高

强度噪声源可集中布置，并设置隔声屏蔽。空气动力性噪声源应在进气或排气口进行消声处理。对集控室和岗位操作室应采取隔声和吸声处理。进入噪声强度超过85 分贝的工作场所应佩戴防噪声耳塞或耳罩。

（5）振动控制

振动是机械制造工业中较为常见的职业病危害因素。对铆接、锻压机、型砂捣固机、落砂、清砂等振动设备应采取减振措施或实行轮岗操作。

（6）射频防护

应选择合适的屏蔽防护材料，对产生高频、微波等射频辐射的设备进行屏蔽，或者进行距离防护和时间控制。

（7）防暑降温

应做好铸造、锻造、热处理等高温作业人员的防暑降温工作。宜采取工程技术、卫生保健和劳动组织管理等多方面的综合措施，如合理布置热源、供应清凉含盐饮料、轮换作业、在集控室和操作室设置空调等。

105. 机械伤害的应急处置与救治措施有哪些？

机械制造企业最为常见的事故是机械伤害，发生人员伤害后，一定要沉着冷静，不要慌乱。

（1）发生事故后的应急处置与救治

伤害事故发生后，要立即停止现场活动，将伤员放置于平坦的地方，现场有救护经验的人员应立即对伤员的伤势进行检查，然后有针对性地进行紧急救护。

在进行上述现场处理后，应根据伤员的伤情和现场条件迅速转送伤员。转送伤员非常重要，搬运不当，可能使伤情加重，严重时还能造成神经、血管损伤，甚至瘫痪，以后将难以治疗，并给受伤者带来终身的痛苦，所以转送伤员时要十分注意：如果受伤人伤势不重，可采用背、抱、扶的方法将伤员运走。如果受伤人伤势较重，有大腿或脊柱骨折、大出血或休克等情况时，就不能用以上方法转送伤员，一定要把伤员小心地放在担架或木板上抬送。把伤员放置在担架上转送时动作要平稳，上、下坡或楼梯时，担架要保持平衡，不能一头高，一头低。伤员应头在后，这样便于观察伤员情况。在事故现场没有担架时，可以用椅子、长凳、衣服、竹子、绳子、被单、门板等制成简易担架使用。对于脊柱骨折的伤员，一定要用硬木板做的担架抬送。将伤员放在担架上以后，要让其平卧，腰部垫一个衣服垫，然后用东西把伤员固定在木板上，以免在转送的过程中滚动或跌落，否则极易造成脊柱移位或扭转，刺激血管和神经，使其下肢瘫痪。

现场应急总指挥立即联系救护中心，要求紧急救护并向上级汇报，保护事故现场。

（2）现场创伤止血的应急救护

如果伤员一次出血量达全身血量的1/3以上时，生命就有危险。因此，及时止血是非常重要的。可用现场物品如毛巾、纱布、工作服等立即采取止血措施。如果创伤部位有异物不在重要器官附近，可以拔出异物，处理好伤口，如无把握就不要随便将异物拔掉，应由医生来检查、处理，以免伤及内脏及较大血管，造成大出血。

（3）现场骨折的应急救护

对骨折处理的基本原则是尽量不让骨折肢体活动。因此，要利用一切可利用的条件，及时、正确地对骨折做好临时固定，其目的是：避免骨折断端在搬运时，损伤周围的血管、神

经、肌肉或内脏；减轻疼痛，防止休克；便于运送到医院去彻底治疗。临时固定的材料有夹板和敷料，夹板以木板最好，紧急情况下也可用木棍、竹篦等代替；敷料为棉花、纱布或毛巾，用作夹板的衬垫。缠夹板可用绷带、三角巾或绳子。

若上肢骨折，应将上肢挪到胸前，固定在躯干上；若下肢骨折，最好将两下肢固定在一起，且应超过骨折的上下关节，或将断肢捆绑、固定在担架、门板上；脊骨骨折时，不需要做任何固定，但搬运方法十分重要，搬运时最好用担架、门板等，也可用木棍和衣服、毯子等做成简易担架，让伤员仰躺。无担架、木板需众人用手搬运时，抢救者必须有一人双手托住伤者腰部，切不可单独一人用拉、拽的方法抢救伤员。如果操作不当，即使是单纯的骨折，也可导致继发性脊髓损伤，造成瘫痪；对已有脊髓损伤的伤员，会增加损伤程度，尤其是高位的脊柱骨折，如搬运不当，甚至可能立即致命。

在抢救伤员时，不论哪种情况，都应减少途中的颠簸，也不得随意翻动伤员。

106．发生起重伤害的原因及应急处置与救治有哪些?

在机械制造和机械加工企业，离不开起重机械，起重机械承担着加工材料、半成品、成品以及机械设备的吊运，如果没有起重机械，也就没有现代化的机械制造业。

（1）起重伤害事故的原因

挂吊人员未严格遵守起重作业安全规程，违章作业冒险作业。

安全装置不完善，行车机械、电气故障频繁。

行车司机操作技能欠佳，责任心不强，注意力不集中。

指挥信号不标准，上下配合不协调。

工作前未对行车及吊具进行安全检查。

料场库存量严重超量，堆码不齐，堆码超高。

包装不牢固。

除此之外，还有误操作事故、起重机等之间的相互碰撞事故、安全装置失效事故以及野蛮操作等原因导致的事故。

（2）起重伤害主要形式

吊重、吊具等重物从空中坠落所造成的人身伤亡和设备毁坏事故。

作业人员被挤压在两个物体之间所造成的挤伤、压伤、击伤等人身伤害事故。

从事起重机检修、维护的作业人员不慎从机体摔下或被正在运转的起重机机体撞击摔落至地面的坠落事故。

从事起重机械操作人员或检修、维护人员因触电而造成的电击伤亡事故。

起重机机体因失去整体稳定性而发生倾翻事故，造成起重机机体严重损坏以及人员伤亡的机毁事故。

（3）起重伤害发生后的应急处置

发现有人受伤后，必须立即停止起重作业，向周围人员呼救，同时通知现场急救中心，及时拨打“120”等急救电话。报警时，应说明受伤者的受伤部位和受伤情况，发生事件的区域或场所，以便让救护人员事先做好急救的准备。

组织进行急救的同时，应立即上报项目安全生产应急领导小组，启动应急预案和现场处置方案，最大限度地减少人员伤害和财产损失。

现场医护人员进行现场包扎、止血等措施，防止受伤人员流血过多造成死亡事故。创伤出血者迅速包扎止血，送往医院

救治。

发生断手、断指等严重情况时，对伤者伤口要进行包扎、止血、止痛、进行半握拳状的功能固定。对断手、断指应用消毒或清洁敷料包扎，忌将断指浸入酒精等消毒液中，以防细胞变质。将包好的断手、断指放在无泄漏的塑料袋内，扎紧好袋口，在袋周围放在冰块，或用冰棍代替，速随伤者送医院抢救。

受伤人员出现肢体骨折时，应尽量保持受伤的体位，由现场医务人员对伤肢进行固定，并在其指导下采用正确的方式进行抬运，防止因救助方法不当导致伤情进一步加重。

受伤人员出现呼吸、心跳停止症状后，必须立即进行心脏按压或人工呼吸。

在做好事故紧急救助的同时，应注意保护事故现场，对相关信息和证据进行收集和整理，配合上级和当地政府部门做好事故调查工作。